INVENTAIRE
V29495

AF476428

V

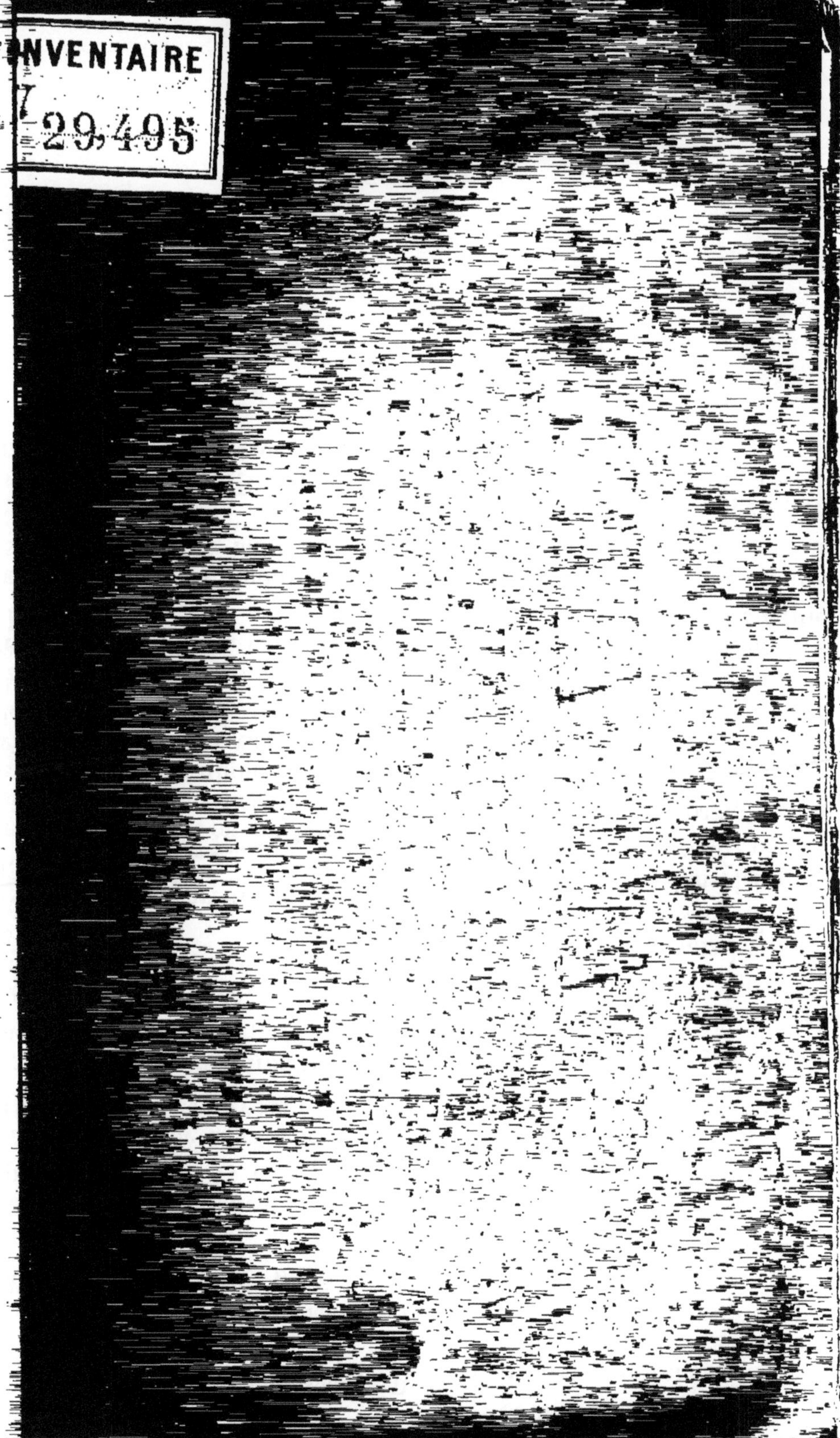

…, jolie édition ; 1 vol. fig.

…IEUR de Jésus et de Marie, par le R. P …ou ; 2 vol.

…(le) Sage, modèle de ses condisciples … Mlle Wanhove, 1 vol. grav.

…ALEM délivrée ; 2 vol.

… convertie, ou triomphe du Christianis… , par Mme Foucault ; 1 vol. fig.

… ou les Veillées de la cabane, par Mme …arie Farrenc, 1 vol. avec grav.

…RES de Pline le Jeune, traduites par M. … Sacy, texte latin en regard ; 3 vol.

…RES d'un Père à son fils, sur l'histoire de …nce, par le Chevalier de Propiac ; 2 vol. …és de portraits.

…SIN des Pauvres par Mme de Beaumont ; …ol. réunis en un.

…EL du séminariste, ou entretiens sur les …cipales obligations de la vie chrétienne …de la vie ecclésiastique, par Tronson …érieur Général de la Compagnie de St-…pice ; 2 vol.

…NE de dieux, des Héros de la fable et des …stères du Paganisme, par l'abbé Théo…e Perrin ; 2 vol.

…RES spirituelles du P. Judde de la Comp. … Jésus, recueillies par l'abbé Lenoir Du…c ; 5 vol. 10 »

…es de Nicole de Port-Royal, suivies de … traité sur les moyens de conserver la

SOUFFRANCES de N. S.-J.-C., …

SYNONYMES Français, leurs d… fications et le choix qu'il en … parler avec justesse, par … 2 vol.

TABLEAU de la Société chrét… nin ; 1 beau vol.

THERÈSE, ou la petite sœur … L. A. de Saintes ; 1 vol. av…

VALMONT de la jeunesse, ou … vertus chrétiennes sur les … raison ; par T. Igonette ; 2 …

VIE des jeunes personnes célè… ret ; 1 vol. fig.

VIE des justes dans les plus h… société, prr l'abbé Caron ; …

VIE des justes dans les plus … tions de la société, par le n…

Vie des Justes parmi les fil… 1 vol.

VIE des Dames françaises, qu… guées par leur piété et pa… ment pour les pauvres ; 1 v…

VIRGINIE ou la Vierge chréti… Marin, 2 vol. belle édition …

VOYAGES et aventures d'un je… Hennequin ; 1 vol. avec fig…

VOYAGE maritime (petit) aut… par P. Hennequin ; 1 vol. a…

ABRÉGÉ

D'ARITHMÉTIQUE

DÉCIMALE,

CONTENANT toutes les opérations du Calcul, depuis l'Addition jusques et compris la Règle de Compagnie, et les Opérations des Fractions, auquel on a joint des Tableaux de comparaison des Mesures anciennes et nouvelles.

Ouvrage à l'usage des Pensionnats

NOUVELLE ÉDITION.

TOULOUSE,

DELSOL, LIBRAIRE-ÉDITEUR,

rue Tamponnière, 10.

1845.

EXPLICATION

De quelques signes dont on fera usage dans cet abrégé.

Le signe *f* signifie	franc.
D	décime.
C	centime.
D	*demande.*
R	*réponse.*
Q	*question.*
M	mètre.
—	moins.
X	multiplié par.
D. P.	divisé par.
=	égal à.
P %	pour cent.
x	terme inconnu.
N^r^	numérateur.
D^r^	dénominateur.
D. C.	dénominateur commun.
:	est à.
::	comme.
C. c.	combien coûteront.
S. D.	sous, deniers.

ABRÉGÉ

D'ARITHMÉTIQUE.

OBSERVATIONS PRÉLIMINAIRES.

Demande. Qu'est-ce que l'*Arithmétique ?*

Réponse. C'est la science des nombres et du calcul.

D. Qu'est-ce que le *nombre ?*

R. Le *nombre* est ce qui exprime combien il y a d'unités ou de parties d'unité dans une quantité. Ainsi, 4, par exemple, est un nombre, parce qu'il est composé de quatre fois un, ou de quatre unités : deux tiers, ou 2/3, est un nombre qui contient deux fois le tiers de l'unité.

D. Qu'appelle-t-on *nombres abstraits ?*

R. Ce sont ceux qui ne sont appliqués à aucune espèce de chose déterminée, comme 7, 9, 30, ou 6 fois, 9 fois, etc.

D. Qu'appelle-t-on *nombres concrets ?*

R. Ce sont ceux qui expriment une espèce de chose déterminée, comme 8 mètres, 12 francs, 15 jours, etc.

D. Qu'appelle-t-on *nombres simples ?*

R. Ce sont ceux qui ne contiennent qu'une seule espèce de quantité, comme 4 mètres, ou 18 francs, ou 24 kilogrammes, etc.

D. Qu'appelle-t-on *nombres composés ?*

R. Ce sont ceux qui contiennent plusieurs espèces de quantité de même nature, comme 3 mètres, 4 décimètres, 6 centimètres, ou 8 francs; 7 décimes, 4 centimes, 8 grammes, 9 décigrammes, 4 centigrammes, etc.

D. Qu'est-ce qu'un *nombre entier?*

R. C'est celui qui contient l'unité, une ou plusieurs fois exactement, comme 1, 3, 4, 8, 17, 28, 340, etc.

D. Qu'est-ce que le *calcul?*

R. C'est l'art de composer les nombres et de les décomposer par diverses opérations.

D. Quelles sont les opérations fondamentales de l'*Arithmétique?*

R. Ce sont l'*Addition*, la *Soustraction*, la *Multiplication* et la *Division;* mais avant de faire ces opérations, il faut savoir la numération.

DE LA NUMÉRATION.

D. Qu'est-ce que la *numération?*

R. C'est l'art de représenter et d'énoncer la valeur des nombres.

D. De quoi se sert-on pour représenter les *nombres?*

R. On se sert de dix caractères ou chiffres qui nous viennent des Arabes; ce sont: 0, 1, 2, 3, 4, 5, 6, 7, 8, 9.

Remarque. Pour exprimer les autres nombres, on est convenu que de dix unités simples on en ferait une seule, à laquelle on donnerait le nom de *dizaine*, que de dix *dizaines* on en ferait une seule unité, qui se nommerait *centaine*, etc.

Ainsi *cent trente-six* s'écrit 136 : le premier chiffre à gauche exprime une centaine; le second trois dizaines, et celui de la droite six unités.

D. Combien les chiffres ont-ils de *valeurs ?*

R. Deux; l'une se nomme *absolue*, et l'autre *relative*.

D. Qu'est-ce que la valeur *absolue* d'un chiffre ?

R. C'est celle qu'il a étant considéré seul.

D. Qu'est-ce que la valeur *relative* d'un chiffre ?

R. C'est celle que lui donne le rang qu'il occupe; ainsi, dans 67, la valeur absolue du premier chiffre est 6, sa valeur relative est six dizaines ou soixante, parce qu'il est au second rang, la valeur du second chiffre est sept.

D. Quelle est la propriété fondamentale de la *numération ?*

R. C'est qu'un chiffre placé à la gauche d'un autre, ou suivi d'un zéro, vaut dix fois plus que s'il était seul, et à mesure qu'un chiffre est avancé, d'un rang vers la gauche, chacune de ses unités en vaut dix du chiffre qui est immédiatement à sa droite; au contraire, à mesure qu'un chiffre est reculé d'un rang vers la droite, les unités de ce chiffre valent dix fois moins que chaque unité du chiffre qui le précède vers la gauche.

D. Que peut-on conclure de ces principes?

R. Que pour multiplier un nombre par dix, par cent, par mille, etc., il suffit de mettre à sa droite un, deux ou trois zéros, etc.; et que pour diviser un nombre par dix, par cent, par mille, etc., il suffit de retrancher à sa droite un, deux ou trois zéros, etc.

D. Que fait-on pour énoncer aisément un nombre composé de plusieurs chiffres ?

R. On le partage en tranches de trois chiffres chacune, en commençant par la droite, et on leur donne les noms suivans : unités, mille, millions, billions, trillions, etc. Ainsi le nombre 345,678,907,654,326, s'exprime en disant : trois cent quarante-cinq trillions, six cent soixante-dix-huit billions, neuf cent sept millions, six cent cinquante-quatre mille, trois cent vingt-six unités.

Par cette méthode, il suffit de savoir nombrer trois chiffres seulement, pour pouvoir en nombrer tant que l'on veut. (Au reste, il est permis de dire huitante-deux, nonante-deux, etc., en calculant seulement; car en toute autre occasion, on dit : quatre-vingt-deux, quatre-vingt-dix-neuf, etc.)

Et réciproquement, pour énoncer par chiffres un nombre exprimé de vive voix ou par écrit, on écrit le nombre de la tranche énoncée la première, puis on met la virgule; on écrit ensuite le nombre de la tranche suivante, puis la virgule, etc. jusqu'à la tranche énoncée la dernière, ayant soin de mettre des zéros à la place des nombres que l'on n'énonce pas. Exemples : écrivez mille et un. R. 1,00,1. Ecrivez, treize millions mille cent sept. R. 13,001,107. Ecrivez, quatre trillions, onze millions cent mille. R. 4,000.011,100,000, etc.

CHIFFRES FRANÇAIS OU ARABES.

Dizaines de billions.	Billions.	Centaines de millions.	Dizaines de millions.	Millions.	Centaines de mille.	Dizaines de mille.	Mille.	Centaines.	Dizaines.	Unités.
										1
									3	2
								5	4	3
							7	3	8	4
						6	3	5	7	5
					8	7	3	2	0	6
				4	3	6	5	3	2	7
			8	3	0	5	7	6	4	8
		6	5	4	3	2	6	5	1	9
	7	5	7	9	6	3	4	6	7	0
3	2	3	4	5	9	8	0	6	5	3

Pour énoncer cette dernière ligne, il faut dire : Trente-deux-billions, trois cent quarante-cinq millions, neuf cent quatre-vingt mille, six cent cinquante-trois unités.

DE L'ADDITION.

D. Qu'est-ce que l'*Addition?*

R. l'*Addition* est une opération par laquelle on joint ensemble plusieurs quantités de même espèce, pour en faire un seul nombre, que l'on appelle *somme* ou *total.*

D. Que faut-il observer pour bien poser l'*Addition?*

R. Il faut écrire les nombres de même espèce les uns sous les autres, les unités sous les unités, les dizaines sous les dizaines, les centaines sous les centaines, etc.

D. Par où faut-il commencer l'*Addition?*

R. Par la colonne des chiffres qui est à la droite?

D. Pourquoi faut-il commencer par la droite?

R. Afin de porter les dizaines qui proviennent de l'*Addition* des unités, à la colonne des dizaines, et les centaines qui proviennent de la colonne des dizaines à la colonne des centaines, ainsi de suite.

D. Pourquoi encore?

R. C'est, dans l'*Addition* des nombres composés, afin de porter les entiers qui se trouvent dans l'addition des parties de la plus petite espèce, avec les entiers de la partie prochainement supérieure.

Exemples de l'addition en nombres simples.

QUESTION Ire. Une personne doit les trois sommes suivantes : 428 francs, 635 francs, et 874 francs : combien doit-elle en tout ?

R. 1937 francs.

Opération.	428 fr.
	635
	874
Somme.	1937 fr.

Après avoir posé les nombres les uns sous les antres, je commence par additionner les unités, en disant : 8 et 5 font treize et 4 font 17 ; en dix-sept unités, il y a une dizaine et sept unités : je pose sept unités, et je retiens 1 dizaine, pour la porter au rang des dizaines. A la seconde colonne, qui est celle des dizaines, je dis : 1 de retenu et 2 font 3, et 3 font 6, et 7 font 13 : en 13 dizaines, il y a une centaine et trois dizaines; je pose 3 au rang des dixaines, et je retiens 1 cent. Je passe à la troisième colonne, en disant : 1 de retenu et 4 font 5, et 6 font 11, et 8 font 19 : je pose 9 au rang des centaines, et j'avance 1 au rang des mille; et j'ai 1937 pour la somme ou le total des trois nombres proposés.

Q. 2. Le trésorier d'un régiment a dans sa caisse les quatre sommes suivantes : 3579 francs, 4682 francs, 5673 et 7856 francs. On demande combien il y a d'argent en tout ? R. 21790.

Opération.	3579 fr.
	4682
	5673
	7856
Somme.	21790 fr.

Commençant par la droite, je dis : 9 et 2 font 11, et 3 font 14 et 6 font 20 : en vingt unités il y a deux dizaines tout juste, c'est pourquoi je pose 0 au rang des unités, je retiens 2 dizaines, puis je dis : 2 de retenu et 7 font 9, et 8 font 17, et 7 font 24, et 5 font 29; je pose 9, et je retiens 2 pour la colonne suivante, etc.

DE LA SOUSTRACTION.

D. Qu'est-ce que la *Soustraction?*

R. C'est une opération par laquelle on retranche un nombre d'un autre nombre de même espèce, pour connaître de combien le plus grand surpasse le plus petit.

D. Comment nomme-t-on le résultat de la *Soustraction?*

R. On le nomme *reste*, *excès* ou *différence.*

D. Comment fait-on la *Soustraction?*

R. On écrit le plus petit nombre sous le grand; on ôte ensuite les unités du plus petit de celles du plus grand, et on met le reste au-dessous de la même colonne; on ôte de même les dizaines, les centaines, etc. Si le chiffre inférieur est égal à son correspondant supérieur, on pose zéro; si le chiffre inférieur est plus grand que le supérieur, on augmente celui-ci de dix unités, valeur d'une unité qu'on emprunte sur le chiffre à gauche, qu'il faut considérer comme l'ayant de moins.

D. Comment se fait la preuve de la *Soustraction?*

R. En additionnant la plus petite quantité avec la différence ; si la somme est égale à la plus grande quantité, l'opération est bien faite.

Exemple des nombres simples.

Q. 3. Un particulier devait la somme de 785 francs : il en a payé 423 francs : combien doit-il encore ?

R. 362 francs.

Opération.	785 fr.
	423
Reste.	362 fr.
Preuve.	785 fr.

Après avoir placé le plus petit nombre sous le plus grand, commençant par la droite, je dis : 3 ôtés de 5, reste 2, que je pose dessous ; ensuite 2 ôtés de 8, reste 6, que je pose de même, enfin 4 ôtés de 7, reste 3. Le reste ou la différence est donc 362.

Pour la preuve, j'additionne la petite quantité 423, avec le reste 362 ; il vient 785, qui est le grand nombre, ce qui prouve que la règle est bonne.

Q. 4. Un menuisier avait 876 mètres d'ouvrage à faire, il en a fait 483 mètres, combien lui en reste-t-il encore à faire ?

Opération.	876 m.
	483
Reste.	393 m.
Preuve.	876 m.

Pour faire cette opération, je dis : 3 ôtés de 6, reste 3; ensuite 8 ôtés de 7, ne se peut, j'emprunte sur le chiffre à gauche, 1 qui vaut 10, et 7 font 17; alors je dis : 8 ôtés de 17, reste 9 : ayant emprunté 1 sur le 8, il ne vaut plus que 7; je dis donc : 4 ôtés de 7, reste 3, que je pose, de sorte que la différence ou le reste est 393. La preuve comme à la précédente.

Preuve de l'Addition.

D. Comment fait-on la preuve de l'*Addition?*

R. Par la *Soustraction;* mais on commence par la gauche : on ôte le total de chaque colonne du nombre qui est au-dessous; on pose le reste sous ce nombre, pour le joindre avec le chiffre qui répond à la colonne suivante : de cette quantité on retranche la totalité de la colonne; on continue ainsi jusqu'à la dernière colonne. Si du total de l'*Addition* on peut ôter sans reste, le montant de toutes les colonnes, c'est-à-dire, s'il vient zéro sous la dernière, c'est une preuve que la règle est bien faite. Ainsi, ayant trouvé dans la question première que les trois nombres ci-dessous ont pour somme 1937.

	428
	635
	874
Somme.	1937
Preuve.	110

Je fais la preuve en disant : 4 et 6 font 10, et 8 font 18, lesquels ôtés de 19, il reste 1, que je pose sous le nombre; et joignant cet 1 avec les 3, cela fait 13; je passe à la colonne suivante, et je dis 2 et 3 font cinq et 7 font 12, lesquels ôtés de 13, il reste 1, que je pose : lequel joint avec les 7, fait 17, j'additionne la dernière colonne, 8 et 5 font 13, et 4 font 17, lesquels ôtés de 17, il ne reste rien, je pose zéro. La règle est donc bonne.

De l'Addition des nombres composés.

Q. 5. On propose d'ajouter ensemble les sommes suivantes, savoir :

Opération.

4684 fr.	4 déc.	5 cent.	ou fr.	4684,45
5844	8	7		6844,87
8446	9	8		8446,98
9784	5	3		9784,53
4567	8	7		4567,78
		Somme.	. . . .	34328,61
		Preuve.	. . . .	3323,30

Pour faire cette *Addition*, je commence par les centimes qui forment la première colonne à droite, et sans faire attention à la virgule, en disant : 5 et 7 font 12, et 8 font 20, et 3 font 23, et 8 font 31; je pose 1 sous ladite colonne, et je retiens 3, qui sont des décimes, en disant : 3 de retenu et 4 font 7, et 8 font 15, et 9 font 24, et 5 font 29, et 7 font 36; je pose 6, et je retiens 3 fr. pour la colonne des francs : le reste se fait comme à l'*Addition* simple.

La preuve se fait comme pour les nombres imples.

Autre exemple.

On propose d'additionner les sommes suivantes :

648 fr.	0 déc.	6 cent.		648,06
847	6	4		847,64
676	4	8		676,48
346	6	4		346,64
376	2	3		376,23
			Somme.	2895,05
			Preuve.	232,20

Exemple d'une Addition pour les mesures de longueur.

Q. 6. On demande combien cinq pièces d'étoffe, toutes ensemble font de mètres, sachant combien chaque pièce en contient en particulier.

La 1re contient	876 mètres,	5 déci.	6 cent.
La 2e	368	6	5
La 3e	632	4	8
La 4e	446	6	4
La 5e	228	4	6

Opération.	876,56
	368,65
	632,48
	446,64
	228,46
	2552,79
	232,20

Exemple d'une Addition de poids.

Q. 7. Un marchand épicier a vendu du café à huit particuliers, comme il suit, savoir :

Au 1er	78 hectogram.	7 décagram.	8 gram.
Au 2e	49	8	5
Au 3e	50	6	7
Au 4e	88	5	8
Au 5e	78	4	9
Au 6e	46	6	4
Au 7e	47	3	5
Au 8e	98	2	1
	538 hectogram.	5 décagram.	7 gram.

Cet épicier a vendu 538 hectogrames, 5 décagrammes, 7 grammes.

Q. 8. On suppose qu'un orfèvre a vendu à cinq personnes des effets en or pesant, savoir :

A la 1re	20 gram.	9 décigr.	4 centg.	8 millig.
A la 2e	28	8	6	7
A la 3e	37	4	5	5
A la 4e	12	0	0	4
A la 5e	4	7	4	0

Savoir le poids total de ces cinq articles.

Opération de la huitième question.

	20,948
	28,867
	37,455
	12,004
	4,740
Total. . . .	104,014
Preuve	23,220

Exemple d'une Addition pour le bois de chauffage.

Q. 9. Un marchand de bois a fait venir dans son chantier, dans le courant d'une semaine, les stères de bois suivans; savoir combien en tout ?

Lundi,	468 stères	69 centistères.
Mardi,	264	54
Mercredi,	186	46
Jeudi,	624	68
Vendredi,	456	84
Samedi,	836	56
Total. . .	2837 stères,	77 centistères.

Exemples de la Soustraction en nombres composés.

Q. 10. Une personne doit 6528 fr., 4 déc. 5 cent. : elle a payé à compte 4769 fr., 6 déc. 9 cent., combien doit-elle encore?

R. 1758 fr. 76 cent.

Opération.

De.	6528 fr.	45 cent.
Otez.	4769	69
Reste dû. . .	1758 fr.	76 cent.
Preuve. . . .	6528 fr.	45 cent.

Pour faire cette opération, je dis : 9 ôtés de 5, ne se peut, j'emprente 1 décime sur le 4, qui me vaut 10 centimes, que je joins au 5 qui font 15 : alors 9 ôtés de 15, reste 6 : je passe a la colonne des décimes; ayant emprunté 1 sur 4, il ne vaut plus que 3; je dis donc : 6 ôtés de 3, ne peut, j'emprunte sur le 8, 1 franc qui vaut 10 décimes, que je joins aux 3 restans, et j'ai 13, dont j'ôte 6, reste 7, ainsi des autres.

S'il arrive que l'un des deux nombres proposés ait moins de décimales que l'autre, on ajoutera à à celui qui en a le moins autant de zéros qu'il est nécessaire * pour qu'il ait le même nombre de décimales que celui qui en a le plus.

Exemple.

Q. 11. Un menuisier avait 846 mètres 8 décimètres de menuiserie à faire; il en a fait 682 mètres 6 décimètres 4 centimètres : on demande ce qui lui en reste encore à faire?

Opération.

De.	846 mètres	80 cent.
Otez.	682	64
Reste.	164 m.	16 cent.
Preuve.	846 m.	80 cent.

Q. 12. Un marchand de bois avait dans son chantier 48642 stères 4 décistères 8 centistères de bois; il en a livré 24321 stères 2 décistères 4 centistères : on demande combien il lui en reste encore?

R. 24321 stères 24 centistères.

---

* Il est clair que ces zéros ne changent rien à la valeur du nombre primitif, puisque, comme nous l'avons remarqué ci-dessus, l'expression de 8 décimes est semblable à celle de 80 centimes, etc.

Opération.

De.	48642 stères	48 cent.
Otez.	24321 st.	24
Reste	24321 st.	24 cent.
Preuve.	48642 st.	48 cent.

L'opération étant faite, on voit qu'il reste encore dans le chantier 24321 stères 24 centistères.

Q. 13. Un orfèvre a vendu 480 grammes d'argenterie, et en a déja livré 321 grammes, 7 décigrammes, 4 centigrammes : on demande combien il lui en reste encore à livrer?

R. 158 grammes 26 centigrammes

Opération.

De.	480 gram.	00 cent.
Otez.	321	74
Reste.	158 gram.	26 cent.
Preuve.	480 gram.	00 cent.

DE LA MULTIPLICATION.

D. Qu'est-ce que la *Multiplication?*

R. C'est une opération par laquelle on répète un nombre, qu'on appelle *Multiplicande*, autant de fois que l'unité est contenue dans un autre nombre appelé *Multiplicateur*, pour avoir un résultat qu'on nomme *produit.*

Ainsi, multiplier 4 par 3, c'est répéter 4 trois fois, pour avoir 12 au *produit.*

D. Quel est le nom commun aux deux termes de la *Multiplication?*

R. On les appelle *facteurs* de la *Multiplication* ou du *produit*.

D. Qu'est-ce que le *Multiplicande?*

R. C'est le *facteur* que le sens de la question indique devoir être répété.

D. Qu'est-ce que le *Multiplicateur* *?

R. Le *Multiplicateur* est le *facteur* qui indique combien de fois il faut répéter le *Multiplicande*.

D. Quelle conséquence peut-on tirer de tout ce qu'on vient de dire?

R. Les trois suivantes sont les principales: 1° que si le *Multiplicateur* est l'unité, le *produit* sera égal au *multiplicande*; 2° que s'il est plus grand que l'*unité*, le *produit* sera plus grand que le *multiplicande*; 3° que s'il est plus petit que l'*unité* (ce qui arrive dans les fractions), le *produit* sera plus petit que le *multiplicande*.

D. Quels sont les usages de la *Multiplication?*

R. Voici les principaux: 1° elle sert à faire connaître le produit de deux nombres: 2° à trouver le prix total de plusieurs unités de même espèce, lorsqu'on connaît le prix de l'unité; 3° à réduire des entiers d'espèces principales en leurs parties, comme des francs en décimes, des décimes en centimes, des mètres en décimètres, des décimètres en centimètres, des années en mois,

---

* Pour l'ordinaire, on appelle improprement multiplicateur celui des deux facteurs qui multiplie l'autre.

des mois en jours, etc.; 4° à trouver les surfaces ou superficies, et la solidité des corps.

D. Que faut-il savoir pour bien faire la *Multiplication?*

R. Il faut savoir par cœur la table de *multiplication*, qu'on appelle le *livret.*

LIVRET ou TABLE de MULTIPLICATION.

2	fois	2	font	4
2		3		6
2		4		8
2		5		10
2		6		12
2		7		14
2		8		16
2		9		18
2		10		20
2		11		22
2		12		24
3		3		9
3		4		12
3		5		15
3		6		18
3		7		21
3		8		24
3		9		27
3		10		30
3		11		33
3		12		36
4		4		16
4		5		20
4		6		42

4	fois	7	font	28
4		8		32
4		9		36
4		10		40
4		11		44
4		12		48
5		5		25
5		6		30
5		7		35
5		8		40
5		9		45
5		10		50
5		11		55
5		12		60
6		6		36
6		7		42
6		8		48
6		9		54
6		10		60
6		11		66
6		12		72
7		7		49
7		8		56

7	fois	9	font	63
7		10		70
7		11		77
7		12		84
8		8		64
8		9		72
8		10		80
8		11		88
8		12		96
9		9		81
9		10		90
9		11		99
9		12		108
10		10		100
10		11		110
10		12		120
11		11		121
11		12		132
12		12		144

Nul ne peut être bon chiffreur, s'il ne sait son livret par cœur.

Q. 14. On veut multiplier 532 par 4 : quel sera le produit ? R. 2128.

Multiplicande. . .	532
Multiplicateur. . .	4
	2128

Pour faire cette *Multiplication* je commence à droite par les unités en disant : 4 fois 2 ou 2 fois 4 font 8; je pose 8 sous les unités; je passe au second chiffre, en disant : 4 fois 3 font 12, c'est-à-dire, 12 dizaines, parce que je multiplie des dizaines par des unités; je pose 2 dizaines et j'en retiens 10, qui font une centaine, pour la joindre au troisième produit que je fais en disant : 4 fois 5 font 20, et 1 de retenu font 21, que je pose en entier, parce qu'il n'y a plus rien à multiplier. Le nombre 2128 est le produit demandé; il contient 4 fois le multiplicande; car il renferme 4 fois les unités, 4 fois les dizaines, et 4 fois les centaines; il renferme donc 4 fois tout le nombre 532.

Q. 15. Que faut-il payer pour 298 mètres de drap, à raison de 26 fr. le mètre? R. 7748.

	298	
	26	
	1788	produit des 6 unités.
	596	produit des 2 dizaines.
Produit total.	7748 fr. *.	

* Lorsque les facteurs ont plusieurs chiffres, il faut multiplier tous les chiffres du facteur supérieur par chaque chiffre du facteur inférieur, de la manière enseignée ci-dessus; mais il faut observer la place que

D. Comment peut-on faire la preuve de la *multiplication?*

R. Par une autre *Multiplication*, dont l'un des facteurs est 2 fois, 3 fois, 4 fois, etc., plus petit; l'autre 2 fois, 3 fois, 4 fois, etc., plus grand que ceux de la règle; et le produit doit être égal.

PREUVE DE LA QUESTION PRÉCÉDENTE.

Opération.

Moitié du multiplicande	149
Double du multiplicateur	52
Prod. part. des 2 unit.	298
Prod. part. des 5 dizain.	745
Produit total.	7748 fr.

Q. 16. On demande combien il y a de jour dans 848 années, chacune de 365 jours.

---

doit occuper le premier chiffre de chaque produit. Lorsqu'on multiplie par des unités, le produit donne des unités; si l'on multiplie par des dizaines, le produit sera des dizaines; si c'est par des centaines, le produit sera des centaines, etc. Ainsi, lorsqu'on multipliera par le deuxième chiffre, on mettra le premier chiffre de ce produit sous les dizaines, et les autres en avançant vers la gauche; lorsqu'on multipliera par le troisième chiffre, on posera le premier chiffre du produit au rang des centaines; et ainsi des autres, toujours en avançant d'une place vers la gauche.

```
            848
            365 j.
          ------
           4240  prod. partiel des 5 unit.
          5088   prod. partiel des 6 diz.
         2544    prod. partiel des 3 cent.
         -------
Total. . . 309520 j.
```

Q. 17. Que faut-il payer pour 4406 chevaux, à raison de 208 fr. chaqu'un ?

Opération.

```
           4406
            208
         ------
          35248
         88120
         ------
Total. . . 916448 fr.
```

Pour faire cette opération, je dis : 8 fois 6 font 48; je pose 8 sous les unités, et le 4 sous les dizaines, à cause du zéro qui se trouve au multiplicande; ensuite je dis : 8 fois 4 font 32, je pose 2 et retiens 3 : 8 fois 4 font 32, et 3 de retenu font 35 : je pose 35.

Passant au dizaines, je pose le zéro au rang des dizaines; puis je multiplie tout le multiplicande par les 2 centaines du multiplicateur disant : 2 fois 6 font 12, je pose 2 au rang des centaines, et la dizaine au rang des mille; ensuite je dis : 2 fois 4 font 8; je pose 8 : 2 fois 4 font 8, je pose 8 *.

---

* La Multiplication des nombres composés n'emporte pas plus de difficultés que celle des nombres simples. On écrira les deux facteurs l'un sous l'autr

Exemple d'une multiplication d'un nombre composé par un nombre simple.

Opération.		*Preuve.*
Multiplicande	36,84	18,42 moit. du mul.
Multiplicateur	86	172 doub. du m.
	22104	3684
	29472	128940
	3168,24	1842
		3168,24

Exemple d'une multiplication d'un nombre composé par un nombre composé

Un marchand épicier a vendu 1468 hectogrammes, 8 décagrammes et 6 grammes de sucre, à 3 fr. 45 c. l'hectogramme; combien fait le tout? R. 5067 fr. 56 c. et 70 de reste.

à l'ordinaire, en séparant les décimales par une virgule, puis l'on opérera sans s'embarrasser de la virgule. L'opération finie, on placera la virgule dans le produit, en laissant à droite autant de chiffres qu'il y a de décimales dans les deux facteurs, et ces chiffres seront alors des décimes et des centimes, ou des décilitres et centilitres, etc., suivant la nature du multiplicande.

Opération.

Règle.	*Preuve.*
1468,86	734,43
3,45	6,90
734430	6609870
587544	440658
440658	5067,5670
5067,5670	

Autre opération.

Règle.	*Preuve.*
408,546	204,273
4,530	9,060
12256380	12256380
2042730	1838457
1634184	1850,713380
1850,713380	

Q. 19. Une marchande fruitière a acheté 486 douzaines d'oranges, à 75 c. la douzaine, combien le tout ?

Opération.

```
  486
   75
 ----
 2430
3402
------
564,50
```

Autre opération.

Règle.	*Preuve.*
40000,05	20000,02 ½
30,40	60,80
16000 0200	16000 0160
1200001 5	1200001 2000
1216001,5200	30,40
	1216001,5200

Q. 20. Un vaisseau marchand est chargé de 423 tonneaux de morue, qui doivent être vendus chacun 806 fr. 80 c. : on demande qu'elle somme produira cette cargaison ?

R. 45176 fr. 40 c.

Opération.

```
     423
  106,80
  ------
   33840
  2538
 423
 -------
 45176,40
```

Q. 21. Un marchand de vin a acheté 789 hectolitres de vin, à raison de 142 fr. 85 c. l'hectolitre ; on demande quel est le produit de cette quantité de vin ? R. 112708 fr. 65.

Opération.	*Preuve.*
789	142,85
142,85	789
39,45	1285,65
6312	114280
1578	99995
3156	112708,65
789	
Tot. 112708,65	

Il est souvent plus court d'écrire le petit facteur sous le grand ; comme on le voit à la preuve.

Q. 22. Un marchand épicier a vendu 1468 hectogrammes, 8 décagrammes et 6 grammes de sucre, à 3 fr. 45 c. l'hectogramme : combien doit-il recevoir ? R. 5067 fr. 56 c.

Opération.	*Preuve.*
1468,86	734,43
3,45	6,90
734430	6609870
587544	440658
440658	5067,5670
5067,5670	

Q. 23. Combien coûteront 547 kilogrammes, 2 hectogrammes, 7 décagrammes de sucre, à raison de 1 fr. 29 cent. le kilogramme ?

R. 834 fr. 98 cent.

Opération.	*Preuve.*
647,27	323,635
1,29	2,58
582543	2589080
129454	1618175
64727	647270
834,9783	834,97830

Q. 24. On a fait enduire un mur qui a 19 mètres 25 centimètres de longueur, sur 8 mètres 64 centimètres de hauteur : on veut savoir pour combien de mètres et parties de mètres carrés on doit payer l'ouvrier ? R. 166 mètres 32 centimètres.

Opération.	*Preuve.*
19,25	9,625
8,64	17,28
7700	77000
11550	19250
154000	67375
	9625
166,3200	166,32000

Q. 25. On demande ce que coûteront 3 stères, 1 billion^e de stère à raison de 2 fr. 1 millième *.

* Il est rare que l'on emploie, dans l'usage ordinaire du commerce, plus de deux décimales : on néglige donc le reste comme peu important, observant cependant que, si le premier chiffre de ce reste est un 5 ou au-dessus, on ajoutera une unité au dernier chiffre conservé, comme on le voit dans la réponse de la question 22 et 23. La question 25 ne sert que pour s'exercer.

Opération.

```
             3,000000,001
                    2,001
       ------------------
             3,000000,001
         6,000,000002
       ------------------
   fr.   6,003,000002,001
```

DE LA DIVISION.

D. Qu'est-ce que la *Division?*

R. La *Division* est une opération par laquelle on cherche combien de fois un nombre qu'on appelle *dividende*, en contient un autre qu'on appelle *diviseur;* ce combien de fois se nomme *quotient.*

D. Comment peut-on encore définir la *Division ?*

R. On peut enrore la définir, 1° une opération par laquelle on ôte une quantité d'une autre plus grande, autant de fois qu'elle y est contenue; 2° une opération par laquelle on partage une quantité donnée en autant de parties égales que l'on veut.

Ainsi diviser 12 par 3, par exemple, c'est chercher combien de fois 12 contient 3; ou bien c'est ôter 3 du nombre 12 autant de fois qu'il y est contenu, ou bien encore c'est partager le nombre 12 en trois parties égales.

D. Quelles conséquences tirez-vous de ces définitions?

R. 1° Que si le diviseur est l'unité, le quotient sera égal au dividende; 2° si le diviseur est plus grand que l'unité, le quotient sera plus petit que le dividende; 3° si le diviseur est plus petit que l'unité, le quotient sera plus grand que le dividende; c'est ce qui arrive dans les fractions; 4° que si on multiplie, ou si on divise le dividende et le diviseur par un même nombre, le quotient sera toujours le même.

D. Quels sont les principaux usages de la *Division ?*

R. La *Division* sert 1° à découvrir combien de fois une quantité est contenue dans un autre; 2° à partager un nombre en autant de parties égales que l'on veut; 3° à trouver la valeur d'une chose par la connaissance du prix total de plusieurs; 4° à rappeler les parties à leur tout : comme des centimètres en décimètres; des décimètres en mètres; des centimes en décimes; des décimes en francs; des jours en mois; des mois en ans, etc.; 5° enfin à prouver la multiplication; car en divisant le produit par l'un des facteurs, le quotient doit donner l'autre facteur.

D. Comment fait-on la preuve de la *Division ?*

R. En multipliant le diviseur par le quotient et ajoutant au produit le reste de la division, s'il y en a un; ce produit doit être égal au dividende.

D. Comment faut-il disposer les termes de la *Division ?*

R. On place sur une même ligne le dividende et le diviseur séparés par une accolade; sous le diviseur on met le quotient, qui est la réponse.

Exemple.

Dividende. 18	6 diviseur.
	3 quotient.

D. Combien doit-il y avoir de chiffres au quotient d'une *Division?*

R. Autant qu'il y a de membres dans la *Division.*

D. Qu'est-ce qu'on appelle membre de *Division?*

R. Ce sont les différentes parties du dividende pour lesquelles il faut faire des divisions particulières, lorsqu'on ne peut le diviser tout d'un coup.

D. Comment connaît-on le nombre des membres qu'il y a dans une *Division.*

R. En prenant d'abord autant de chiffres à la gauche du dividende qu'il en faut pour que tout le diviseur y soit contenu, on a le premier membre; et le nombre des figures qui restent au dividende, indique combien il doit y avoir de membres avec le premier. Si donc, après avoir déterminé le premier membre, il reste encore deux chiffres, il y aura trois membres de division, et par conséquent trois chiffres au quotient. Il est bon de mettre un point après le premier membre.

D. Que faut-il observer dans la *Division* de chaque membre?

R. 1° Que le produit du diviseur par le chiffre qu'on pose au quotient, doit toujours être moindre que le nombre que l'on divise, ou lui être égal; 2° que le restant de chaque division doit toujours être moindre que le diviseur; 3° qu'il ne peut jamais y avoir plus de 9 au quotient, pour chaque membre de division; 4° que lorsqu'après avoir descendu un chiffre pour former un nouveau membre, il arrive que le diviseur n'y est pas contenu, c'est-à-dire, que le membre est plus petit que le diviseur, il faut poser 0 au quotient, et descendre un autre chiffre pour former le membre suivant.

Q. 26. On voudrait savoir combien de fois le nombre 6 est contenu dans 924? R. 154 fois.

Opération.

Dividende.	924	6 diviseur.
	6	154 quotient.
2e membre.	32	
	30	
3e membre.	24	
	24	
	00	

Preuve.

154
6
924

Je commence cette opération par la gauche en disant : en 9 combien de 6? il y est une fois; je dose 1 au quotient, par ce nombre je multiplie le diviseur; je mets le produit 6 sous le premier membre de la division; j'ôte ce 6 de 9, il reste 3; à côté de ce 3, je descends la figure suivante et j'ai 32 ponr second membre; je dis donc : en 32 combien de fois 6? il y est 5 fois que je pose au quotient; ensuite je dis : 5 fois 6 font 30, que je pose sous 32; je fais la soustraction, il reste 2 à côté duquel je descends le 4, et j'ai 24 pour troisième membre que je divise par 6, il vient 4 au quotient; enfin je dis : 4 fois 6 font 24 que je pose sous ce troisième membre pour en faire la soustraction; il ne me reste rien. Le diviseur 6 est contenu 154 fois dans le dividende 924.

Pour faire la preuve, je multiplie le diviseur par le quotient; le produit donne le dividende; ce qui prouve que la règle est bien faite.

Q. 27. Un capitaine a destiné 4738 fr. pour être distribués à 54 de ses soldats; on demande combien chacun aura pour sa part?

R. 87 fr., plus 40 fr. de reste.

Opération.			*Preuve.*
1er membre.	4738	54	54
	432	87	87
2e membre.	418		378
	378		432
Reste.	40		40
			4738

Dans cette opération, le diviseur 54 étant plus grand que les deux premiers chiffres 47 du dividende, il en faut prendre trois pour en faire le premier membre; alors je dis : en 47 combien de fois 5? il semble qu'il peut y aller 9 fois; mais 54 multipliés par 9 donnerait 486 qui est plus que 473; il ne peut donc y aller que 8 fois; je mets donc 8 au quotient par lequel je multiplie le diviseur, et j'ai 432 à soustraire du premier nombre;

il reste 41, je descends 8 et j'ai 418 pour deuxième nombre; je dis donc : en 41 combien de fois 5, je vois qu'il ne peut y aller que 7 fois; je pose 7 au quotient, et je multiplie 54 par ce 7; il vient 378 à soustraire du d^{me} membre. La règle finie je trouve que chaque partageant aura 87 fr., et qu'il restera encore 40 fr. à répartir entr'eux.

Je fais la preuve à laquelle j'ajoute le reste 40 francs.

Q. 28. Un marchand de chevaux assure que pendant le cours d'une année, il a déboursé 2601648 fr., et que pour cette somme il a en 6408 chevaux; on demande à combien lui revient chaque cheval. R. 406 fr.

	Opération.		*Preuve.*
	2601648	6408	6408
	25632	406	406
2e et 3e membr.	38448		38448
	38448		256320
	00000		2601648

Dans cette opération, le premier membre est composé de cinq chiffres, parce que les quatre premiers du dividende font un nombre moindre que le diviseur.

Après avoir fait la soustraction du premier membre, et avoir descendu le 4 pour former le nombre 3844 qui est le second, et qui est plus petit que le diviseur, j'ai mis un 0 au quotient, et j'ai descendu un autre chiffre pour faire le troisième membre, puis j'ai continué comme ci-dessus.

Q. 29. Un particulier a 8764 fr. de rente annuelle : combien a-t-il à dépenser par jour ?

R. 24 fr. et 4 fr. de reste.

Opération.			*Preuve.*
	8764	365	365
2e membre.	1464	24	24
Reste.	04		1460
			730
		Reste.	4
			8764

La méthode qu'on a suivie dans les trois premières questions sur la division, en portant sous le membre de division le produit du diviseur par chaque chiffre du quotient, étant un peu longue, on peut suivre celle qu'on a observée dans cette dernière question, en faisant la multiplication du diviseur à mesure qu'on met un chiffre au quotient, et faisant la soustraction sans poser le produit ; ainsi dans cette opération, je dis : en 8 combien de fois 3 ? il y est 2 que je pose au quotient, puis je multiplie le diviseur, je dis : 2 fois 5 font 10 ; lesquels ôtés de 16 (parce que j'emprunte sur le 7 une unité qui vaut 10), il reste 6 et je retiens 1 ; 2 fois 6 font 12 et 1 de retenu font 13 qui, ôtés de 17 reste 4, je retiens 1 ; enfin 2 fois 3 font 6 et 1 de retenu font 7, qui ôtés de 8 reste 1 ; je descends le 4 pour former le second membre, et je dis : en 14 combien de fois 3 ? il y est 4 par lequel je multiplie 365, en ôtant le produit du second membre, comme on a fait pour le premier il reste 4 qu'il faut ajouter à la preuve.

Q. 30. On demande combien le nombre 365 est contenu de fois dans 345786.

Opération.			*Preuve.*
Dividende.	345786	365 divis.	365
2e membre.	1728	947 fois q.	947
3e membre.	2686		4735
Reste.	131		5682
			2841
		Reste.	131
			345786

Exemple d'une Division en nombre composé.

Q. 31. Un particulier ayant acheté 946 hectolitres de vin, pour 43279 fr. 50 cent. on désire savoir à combien lui revient chaque hectolitre.

D. Comment fait-on cette opération ?

R. Je pose les francs et les centimes sans les séparer par une virgule, ce qui rend le nombre du dividende cent fois plus grand ; il faut donc rendre aussi le diviseur cent fois plus grand ; pour cet effet j'y ajoute deux zéros, et je fais mon opération, sans faire attention aux parties décimales.

Toutes les fois que le nombre des décimales du diviseur n'est pas égal à celui du dividende on les rendra égaux en y ajoutant un ou plusieurs zéros, pour qu'il y ait autant de parties décimales au diviseur, comme nous le ferons voir ci-après.

Exemple.

Dans la question 31, où il y a un nombre qui a des décimales, et l'autre qui n'en a pas, il faut, pour avoir la vraie valeur au quotient y ajouter autant de zéros que l'autre nombre a de décimales.

Opération		*Preuve.*
43279,50	94600	946
543950	45,75	45,75
709500		4730
473000		6622
0000		4730
		3784
		43279,50

Pour faire cette opération, on a suivi la méthode expliquée ci-dessus : quand les entiers ont été opérés, on ajoute un zéro au reste pour avoir les décimales ; comme après avoir eu les décimes, le reste était encore fort, on y a ajouté un zéro et on a eu des centimes : il ne reste rien, donc la règle est finie : on voit que l'hectolitre coûte 45 fr. 75 cent.

Q. 32. Un bourgeois ayant un ouvrage à faire, y a destiné 497 fr. 55 cent., d'après le calcul fait, il lui faudrait 186 journées d'ouvriers : on demande combien il pourra donner à chaque ouvrier par jour ?

Opération.

```
   49755      | 1,8600
 ------------ |--------
 125550       | 2,67
  139500
Reste. 9300
```

Preuve.

```
    1,86
    2,77
 -------
    1302
   1116
  37293
 -------
  497,55
```

On donnera par jour à chaque ouvrier 2 fr. 67 cent.

Q. 33. Un particulier ayant acheté 68 stères 4 décistères et 6 centistères de bois de chauffage qui lui ont coûté 913 fr. 4 décim. : on demande à combien lui revient le stère ?

Opération.

```
  91340      | 6846
 ----------- |--------
 22880       | 13,342
  23420
   28820
    14360
Reste. 668
```

Je supprime la virgule et j'ajoute un zéro à la suite du dividende, pour égaler dans ce facteur le nombre de chiffres décimaux qui se trouve dans le diviseur, après quoi je divise comme à l'ordinaire.

Q. 34. On propose d'avoir le quotient de 6537,6 divisés par 529,47, à moins d'un million d'unité près.

Pour faire cette opération, j'observe d'abord que le nombre des chiffres décimaux du dividende est moindre que celui du diviseur; j'ajoute un zéro au dividende pour avoir le même nombre de décimales qu'au diviseur; la virgule étant supprimée dans l'un et dans l'autre, je considère ces deux nombres comme exprimant des entiers; pour avoir des millièmes au quotient, j'écris trois zéros à droite du dividende, et j'ai 653760,000, à diviser par 529,47.

Opération.		*Preuve*
653760,000	52947	529,47
124290	12,347	12,347
183960		370629
251190		211788
394020		158841
23391		105894
		52947
	Reste.	23391
		6537,60000

Q. 35. On propose de partager 0 fr. 35 cent. entre 56 personnes : quelle sera la part de chacune, à moins d'un millième d'unité près?

R. 0 fr. 006 millièmes.

Opération.

```
  0,350 | 56
 ------ |--------
   14   | 0 fr. 006 millièmes.
```

Q. 36. Un négociant de Bruxelles a fait une emplette de 546 kilogrammes 9 hectogrammes et 6 décagrammes de laine d'Espagne, pour 946 fr. 7 décim. et 6 cent.; à combien lui revient le kilogramme de laine? R. 1 fr. 73 cent.

Opération.

```
   94676  | 54696
 -------- |---------
   399800 | 1 fr. 73
   169280
Reste. 5192
```

Preuve

```
      546,96
        1,73
     -------
      164088
     382872
     54696
Reste. 5192
```

Le kilogramme de laine coûtera 1 fr. 73 cent.

Q. 37. Un commissionnaire pour les vins a acheté, pour son commettant à Paris, 296 kilolitres de vin de Mâcon, qui ont coûté 28652 fr. 80 c.: on demande combien coûte le kilolitre?
R. 96 fr. 8 décimes.

Opération.

```
   2865280 | 29600
 --------- |-------
   201280  | 96,8
    236800
      0000
```

Le kilolitre reviendra à 96 fr. 8 décimes.

Q. 38. Six pièces de drap, qui contenaient 324 mètres, ont été vendues 11858 fr. 40 c. à combien revient le mètre?

R. 36,6 décimes.

Opération.		*Preuve.*
11858,40	324,00	324 mètres.
213840	36,6	36,6
194400		1944
0000		1044
		972
		118584

MOYENS D'ABRÉGER LA DIVISION.

D. Ne peut-on pas abréger la *Division?*

R. On peut, 1° lorsque le diviseur est un chiffre seul; 2° lorsque le diviseur est formé de deux facteurs chacun d'un seul chiffre; 3° en retranchant un même nombre de zéros à la droite du dividende et du diviseur; 4° lorsque le diviseur est l'unité suivie d'un ou de plusieurs zéros.

Exemple du premier cas.

Q. 39. On demande combien il y a d'écus de 6 fr. dans 924 fr.?

Prenez le sixième de 924 francs.

Il viendra. . . . . . 154 écus.

Q. 40 Partager 94568 fr. entre 8 personnes, prenez le $^1/^8$, il vient 11821 fr. pour chaque personne.

Exemple du second cas.

Q. 41. On veut partager 98426 francs entre 72 personnes, quelle sera la part de chacune ?

R. 1367 francs, les facteurs de 72 sont 8 et 9, parce que 8 × par 9 = 72.

	98436
Le $^1/_9$ . . .	10937,33
Le $^1/_8$ . . .	1367,16 pour réponse.

Exemple du troisième cas.

Q. 42. Un marchand a acheté 3700 aunes de siamoise qui lui ont coûté 14800 fr. : on demande à combien lui revient l'aune? R. 4 fr.

Il faut retrancher autant de zéros au dividende qu'au diviseur, et faire l'opération à l'ordinaire.

Opération.

148	37
00	4 fr.

Q. 43. Un directeur des ponts et chaussées a 58500 mètres de pavé à faire faire en différens endroits, il veut y employer 1300 ouvriers : on voudrait savoir combien chaque ouvrier aura de mètres à faire ? R. 45.

Opération.		*Preuve.*
58500	13	1300
65	45	45
00		6500
		5200
		58500

Exemple du quatrième cas.

Il faut retrancher autant de chiffres de la droite du dividende qu'il y a de zéros au diviseur, et les chiffres retranchés forment le restant.

Q. 44. Si on partage 3476 fr. entre 10 personnes, combien auront-elles chacune?

R. 347 fr. et 6 fr. de reste.

Q. 45. Partagez 78437 fr. en 100 parties égales ou divisez-les par 100?

R. 784 fr. et 36 de reste.

Q. 46. On veut faire embarquer 68430 hommes sur plusieurs vaisseaux : on demande combien il en faudra, si chaque vaisseau porte 1000 hommes?

R. 68 vaisseaux; il restera 430 hommes à terre.

MULTIPLICATION ABRÉGÉE.

Q. 47. Combien coûteront 7 mètres de velours à 13 l. 17 s. 11 d. le mètre?

Opér.	13 l.	17 s.	11 d.
			7
Rép.	97 l.	5 s.	5 d.

Pour opérer, je dis : 7 mètres à 11 d. font 77 d. = 6 s. 5 d. ; je laisse les 5 d. sous les deniers et je retiens les 6 sous ; puis je dis : 7 mètres à 7 s. font 49 s., et 6 de retenus = 55 s. ou 5 dizaines et 5 s. ; je laisse les 5 s. sous les sous, et retiens les 5 dizaines ; ensuite je dis, 7 mètres et 1 dizaine font 7 dizaines, et 5 de retenus font 12 dizaines, ou 6 l. que je retiens ; puis je dis : 7 mètres à 3 l. font 21 l., et 6 de retenus font 27 l. ; je pose 7 l. et je retiens 2 dizaines de l. Enfin 7 mètres et 1 dizaine de l. font 7 dizaines, et 2 de retenu font 9 dizaines que je pose ; par où l'on voit qu'il vient pour réponse 97 l. 5 s. 5 d. ; c'est ainsi que sont opérées les deux questions suivantes.

Q. 48. Combien coûteront 11 kilolitres de vin à 49 l. 19 s. 10 d. le kilolitre ?

Opér.	49 l.	19 s.	10 d.
			11
Rép.	549 l.	18 s.	2 s.

Q. 49. Combien couteront 12 mètres de fossé, à 80 l. 4 s. 6 d. le mètre ?

Opér.	80 l.	4 s.	6 d.
			12
Rép.	962 l.	14 s.	0 d.

On a opéré comme sur les précédentes.

Q. 50. Combien coûteront 32 mètres de toile, à 7 l. 7 s. 7 d. ?

Rép.	7 l.	7 s.	7 d.
			4
	29 l.	10 s.	4 d.
			8
Rép.	236 l.	2 s.	8 d.

On décompose 32 en ses deux facteurs 4 et 8, on fait comme si on voulait avoir le montant de 4 mètres seulement, opérant exactement comme dans la question précédente; puis on dit : puisque 4 mètres coûtent 29 l. 10 s. 4 d.; 8 fois 4 mètres (32 mètres) coûteront 8 fois 29 l. 10 s. 4 d. = 136 l. 2 s. 8 d., opérant comme pour avoir le produit de 4 mètres.

Nota. On aurait pu commencer à multiplier par 8 et finir par 4.

C'est ainsi que sont opérées les deux questions suivantes.

Q. 51. Combien coûteront 81 mètres d'étoffe à 1 l. 1 s. 1 d. le mètre?

Opér.	1 l.	1 s.	1 d.
			9
	9 l.	9 s.	9 d.
			9
Rép.	85 l.	7 s.	9 d.

Q. 52. Combien coûte un ouvrage d'orfévrerie pesant 144 grammes, à 1 l. 13 s. 7 d. le gramme?

Opér.	1 l.	13 s.	7 d.
			12
	20 l.	3 s.	0
			12
Rép.	241 l.	16 s.	0

Q. 53. Combien coûteront 17 journées d'ouvrier, à 2 l. 15 s. 9 d. la journée?

Opér.	2 l.	15 s.	9 d.
			10+7
	27 l.	17 s.	6 d.
	19	10	3
Rép.	47 l.	7 s.	9 d.

On feint de ne vouloir payer que 10 journées et puis 7, opérant à chaque fois comme on a fait à la question 47; enfin on additionne les deux produits pour avoir celui de 17 journées. C'est ainsi qu'on a fait pour les deux questions suivantes.

Q. 54. Combien coûtent 41 stères de bois, à 7 l. 11 s. 5 d. le stère?

Opér.	7 l.	11 s.	5 d.	= 1
	75	14	2	= 10
	227	2	6	= 30
	310 l.	8 s.	1 d.	= 41

Q. 55. Combien coûteront 23 kilolitres de vinaigre, à 100 l. 10 s. 10 d. le kilolitre ?

Opér.	100 l.	10 s.	10 d.	
		10 +	10 + 3	
	1005 l.	8 s.	4 d.	= 10 kil.
	1005	8	4	= 10
	301	12	6	= 3
	2312 l.	9 s.	2 d.	= 23 kil.

Q. 56. A. fr. 73,46 le mois, combien 13 jours ½ ?

Opér.		fr.	73,46
⅓ pour	10	j.	24,486
⅕	2		4,897
½	1		2,448
½	½		1,224
		fr.	33,055

Q. 57. A. fr. 97,09 le mois, combien 24 jours ½ ?

Opér.		fr. 97,09
⅓ pour	10 j.	32,363
⅓	10	32,363
⅕	2	6,4726
¼	½	1,6181
	24 j. ½	fr. 77,8161

Q. 58. A. 47 l. 15 s. 9 d. le mois combien 1 mois 5 jours $^1/_2$?

Opér.	pour 1 mois.	47 l.	15 s.	9 d.	
$^1/_6$	pour 5 jours.	7	19	3	5
$^1/_{10}$	pour $^1/_2$ j.		15	11	15
		56 l.	10 s.	11	20

Q. 59. A. fr. 551,38 l'an, combien 8 mois 15 jours $^1/_4$?

Opér.		fr.	551,38
$^1/_2$	pour	6 m.	275,69
$^1/_3$		2 m.	91,89
$^1/_4$		15 j.	22,97
$^1/_5$		3 j.	4,59
$^1/_{12}$		$^1/_4$ j.	38
		fr.	395,52

Q. 60. A. 731 l. 15 s. 9 d. l'an, combien 2 ans, 2 mois 20 jours?

Opér.	731 l.	15 s.	9 d.	
			2	
Pour 2 ans	1463 l.	11 s.	6 d.	
$^1/_{12}$ pour 2 m.	121	19	10 d.	
$^1/_3$ pour 20 j.	40	13	3 d.	
	1626 l.	04 s.	7 d.	7

DES PROPORTIONS,

OU RÈGLE DE TROIS.

D. Qu'est-ce qu'une *Proportion?*.

R. C'est l'égalité de deux rapports.

D. Combien y a-t-il de termes dans une *Proportion?*

R. Il y en a quatre, dont le premier et le troisième se nomment *antécédens*, le deuxième et le quatrième *conséquens;* — le premier et le dernier se nomment aussi *extrêmes*, et les deux du milieu *moyens*.

D. Pourquoi appelle-t-on cette règle, *règle de trois?*

R. C'est parce que des quatre termes qui la composent, trois seulement étant connus, servent à découvrir le quatrième.

D. Qu'est-ce qu'un *rapport?*

R. C'est le résultat de la comparaison de deux nombres de même espèce; ou bien c'est le nombre de fois qu'un nombre en contient un autre, ainsi le rapport de 12 à 4 est 3, parce que 12 contient 4 fois 3; de même le rapport de 5 à 15 est $^1/_3$, parce que 5 est le $^1/_3$ de 15.

D. De quoi donc est composée la proportion en usage dans les *règles des trois?*

Elle est composée de deux rapports égaux; ainsi ces 4 nombres 12, 3, 20 et 5 peuvent former une proportion, parce qu'il y a même rapport entre 12 et 3 qu'entre 20 et 5 : une proportion s'écrit ainsi : 12 : 3 : : 20 : 5, que l'on prononce, 12 *est à* 3 *comme* 20 *est à* 5.

D. Quelle est la propriété des *Proportions?*

R. La propriété fondamentale des proportions dont nous parlons ici, c'est que le produit des extrêmes, est égal au produit des moyens; ainsi dans la proportion ci-dessus, $12 \times 5 = 60$, et $3 \times 20 = 60$; c'est-à-dire 12 multiplié par 5 égale 60, et 3 multiplié par 20 égale 60.

D. Que résulte-t-il de ce qu'on vient d'exposer ?

R. Que pour avoir un extrême inconnu, il faut faire le produit des moyens, et le diviser par l'extrême connu; de même pour avoir un moyen inconnu il faut faire le produit des extrêmes, et le diviser par le moyen connu; le quotient donnera le terme demandé.

D. Quelles opérations peut-on faire sur les différens termes d'une proportion?

R. On peut multiplier ou diviser le premier et le second, ou le premier et le troisième par un même nombre, sans troubler la proportion; la réponse sera toujours la même : ceci sert à simplifier ou abréger les *règles de trois;* ainsi si on a cette proportion 18 : 15 : : 54 : x, en prenant le $^1/_3$ du premier et du second terme, on aura 6 : 5 : : 54 : x, et si on prend le $^1/_6$ du premier et du troisième de celle-ci, on aura 1 : 5 : : 9 : x. Dans ces proportions, le quatrième terme sera toujours le même, c'est-à-dire 45.

DE LA RÈGLE DE TROIS.

D. Comment appelle-t-on encore les termes d'une *règle de trois?*

R. Les choses exprimées par les nombres que nous avons nommés ci-dessus *antécédens* et *conséquens*, sont dites *causes* et *effets*.

On appelle *cause* ce qui produit un effet et on nomme *effet* ce qui résulte d'une cause.

En opérant les *règles de trois* par les causes et les effets, il n'est pas nécessaire d'examiner auparavant si une question appartient à la règle de trois simple, ou double, ou directe, ou indirecte, ou composée. Dans tous ces cas, il n'y a qu'une proportion réduite à trois termes connus, par lesquels on parvient à connaître le quatrième quel qu'il soit, moyen ou extrême, comme on le verra aux questions ci-après. Il est donc inutile de donner la définition de ces sortes de *règles de trois*.

Remarque très importante pour la position des règles de trois.

On écrit, pour premier rapport, celui des deux que l'on veut et de la manière que l'on veut, puis on écrit le second de la même manière qu'on a écrit le premier. Pa exemple, en cette question, 8 mètres de toile coûtent 20 fr.; combien coûteront 2 mètres? R. x fr.

On peut commencer en disant : 8 m. sont à 20 fr., (commençant ce rapport par les mètres et finissant par les fr.), comme 2 mètres sont à x fr. ; (commençant ce second rapport par les mètres, comme on a fait au premier, et finissant par les fr.).

Ou bien : 20 fr. sont à 8 mètres ; puis écrivant le second terme (commençant par les fr. comme au premier) comme x fr. sont à deux mètres. On pourrait de même commencer par le second rapport disant : 2 m. sont à x fr., comme 8 mètres sont à 20 fr. Ou bien, x fr. sont à deux mètres comme 20 fr. sont à 8 mètres. Cela fait, il suffit de se rappeler que si x est un extrême, le produit des moyens, quelque nombreux qu'en soient les facteurs, est le dividende, et le produit des extrêmes est le diviseur, ou si x est un moyen, comme il arrive quelquefois, le produit des extrêmes est le dividende, et celui des moyens est le diviseur.

Q. 61. 12 mètres de toile ont coûté 140 fr., combien coûteront 3 mètres ?

Opér. 12 : 140 fr. :: 3 m. x fr.

```
          140
            3
          ---
          420 | 12
          --- |------
           60 | 35 fr.
           00
          ---
```

Explication. Les 12 mètres que l'on achète sont la cause du déboursé des 140 fr. que l'on remet : et réciproquement les 140 francs que l'on dépense sont l'effet qu'a produit l'achat des 12 mètres. Ce raisonnement s'applique au second rapport.

Preuve. On peut poser la preuve en écrivant la même proportion, commençant par le second rapport, et finissant par le premier, disant : si 3 mètres coûtent 35 francs, combien coûteront 12 mètres. Opérant comme à la règle, pour voir s'il viendra en réponse 140 fr. que l'on sait devoir venir.

Opér. 3 m. : 35 fr. : : 12 m. : x = 140
12
420
1/3 140

Les six questions suivantes se font presque sans toucher la plume.

Q. 62. 12 stères de bois ont coûté 73 fr. combien coûteront 36 stères? R. 219 fr. Car, puisque 36 stères sont le triple de 12 stères, ils doivent donc coûter le triple de ce que coûtent 12 stères, c'est-à-dire, 219 francs.

Q. 63. Quinze kilogrammes de savon ont coûté 171 l. 17 s. 7 d., combien coûteront à proportion 5 kilogrammes.

Opér. 15 : 171 l. 17 s. 7 d. : : 5 : x
Rép. 57 l. 5 s. 10 d. 1/3

5 kilogr. étant le 1/3 de 15 kilogr. doivent coûter le 1/3 de 171 l. 17 s. 7 d.

Q. 64. Deux cents journées d'ouvrier ont coûté fr. 555,39, combien coûteront 25 journées ?

R. 25 journées étant le $^1/_8$ de 200 journées doivent coûter le $^1/_8$ de fr. 555,39, c'est-à-dire fr. 69,42.

Q. 65. Sept journées d'ouvriers ont coûté 24 l. 10 s. 10 d., savoir combien coûteront 77 journées? R. 77 journées contenant 11 fois 7 journées, elles coûteront, 1 fois 24 l. 10 s. 10 d., valeur des 7 journées, c'est-à-dire, 269 l. 19 s. 2 deniers.

Q. 66. Quatre mètres de mousseline ont coûté 12 l. 15 s. 7 d., combien coûteront, à proportion, 3 mètres.

Opér. 4 m. : 12 l. 14 s. 7 d. :: 3 m. : x
3

38 l. 6 s. 9 d.

$^1/_4$ 9 l. 11 s. 8 $^1/_4 = x$

Q. 67. Deux cents seize mètres de drap ont coûté 1189 l. 0 s. 9 d., combien coûteront, à proportion, 168 mètres ?

Opération.

216 : 1189 l. 0 s. 9 d. :: 168 : x
ou 9 : 1189 l. 0 s. 9 d. :: 7 : x
9 d.

8323 l. 5 s. 3 d.
$^1/_9$ 924 l. 16 s. 1 d. $^3/_9$ ou $^1/_3$

Q. 68. Un kilomètre de ruban coûte 873 fr., combien coûteront kilom. 3,745 ?

Opération.

```
         3745
1000 : 873 :: 3745 : x
     ---------
        11235
       26215
      29960
    ---------
fr. 3269385
    ---------
```

Q. 69. Huit hommes ont creusé un fossé en 15 jours, combien faudra-t-il d'hommes pour en creuser un autre égal au premier en 5 jours ?

Opération.

```
8 × 15 j. : 1 f. :: x × 5 j. : 1 f.
     8
---------
   120
---------
1/5 24 hommes.
```

Remarque. Huit hommes faisant 15 journées chacun, feront 120 journées d'homme, qu'il faudra pour faire le fossé ; et puisque les hommes que l'on demande ne feront que 5 journées chacun, il suit que, autant de fois que les 5 journées seront contenues dans les 120 journées, autant d'hommes il faudra pour faire le second fossé, c'est-à-dire 24 hommes.

Preuve.

24 h. × 5 j. : 1 f. × h. × x j. : 1 f.
5

120

$^1/_8$15 jours = x

Q. 70. A mon retour des Indes, je prêtai à un marchand la somme de 4600 fr., il s'en servit pendant 14 mois et puis me les rendit; maintenant il veut bien me prêter 3220 fr.; combien de temps puis-je m'en servir, afin qu'il y ait compensation?

Opération.

4600 × 14 : 1 :: 3220 × x : 1
4600

84

56

64400 | 3230

00000 | 20 mois.

Observation. 4600 francs prêtés pendant 14 mois, sont la cause d'un profit (représenté par 1) que fera le marchand; et 3220 francs que je tiendrai pendant x mois = 20, sont aussi la cause du profit égal au sien, que je me propose de faire, et que je représente aussi par 1.

Q. 71. Un courrier va de Rome à Madrid en quinze jours, courant 14 heures par jour; si un autre partant aussi de Rome, lui courait après, et n'arrivait qu'au bout de 23 jours, combien d'heures aurait-il couru par jour?

Opération.

$$14 \times 15 : 1 \text{ voy.} :: 23 \times x : 1 \text{ voy.}$$

```
  14
 ----
 210  |  23
 ----  ----------------
   3  |  9 heures 3/23
```

Q. 72. Quinze ouvriers travaillant pendant 12 jours, on fait un fossé de 900 mètres; on demande combien de mètres en feraient 18 ouvriers en 3 jours?

Opération.

$$15 \times 12 : 900 :: 18 \times 3 : x$$

ou $18 : 90 :: 3 \times 18 : x$

ou $1 : 90 :: 3 : x$

```
        90
         3
   -----------
   270 mètres.
```

Q. 73 Six hommes en huit jours travaillant neuf heures par jour, ont fait 48 mètres d'un fossé; combien de mètres feraient 4 hommes en 5 journées de dix heures?

Opération.

$$\begin{array}{ccc} 6\times8\times9 : 48 & :: & 4\times5\times10 : x \\ 6 & & 4 \\ \hline 48\text{ j.} & & 20\text{ j.} \\ 9 & & 10 \\ \hline 432\text{ h.} & & 200\text{ h.} \end{array}$$

On voit que six hommes, travaillant ensemble pendant 8 jours, feront autant qu'un homme en 48 jours; et que 48 journées de neuf heures font 432 heures; de même 4 hommes, travaillant 5 jours, font 20 journées de dix heures = 200 heures : et que c'est comme si l'on disait : si en 432 heures de travail un homme fait 48 mètres, combien en ferait-il en 200 heures? On peut réduire quelquefois les facteurs en plus petite dénomination pour abréger la multiplication et la division comme on le voit ici et à la question 72. (*Voyez page* 58).
R. On peut multiplier etc.

$$6\times8\times9 : 48 :: 4\times5\times10 : x$$

ou $9 : 1 :: 200 : x$

$$\begin{array}{r|l} 200 & 9 \\ \hline 20 & 22\text{ m. } ^2/_9 \\ 2 & \end{array}$$

Q. 74. Si 5 journées $^1/_3$ de travail ont coûté 9 fr. $^3/_5$, combien coûteront 7 journées $^1/_2$?

Opération.

$5\,\frac{1}{3} : 9\text{ fr. }\frac{3}{5} :: 7\,\frac{1}{2}$

3 5 2

$16/3 : 48/5 :: 15/2 : x$

15/2

24/0

48

720/10

3/16

216,0 | 16,0

56 | $13\,\frac{1}{2}$ fr.

8

Q. 75. Huit hommes en six jours ont fait un fossé de 122 mètres de long, combien en feraient vingt hommes en douze jours ?

Opération.

$8 \times 6 : 122 :: 20 \times 12 : x$

$1 : 112 :: 5 : x$

5

610 mètres.

Q. 76. Six hommes étant à l'auberge, paient fr. 77,38 par mois chacun ; savoir à combien se montera la dépense en deux ans ?

Opération.

1 h. × 1 m. : fr. 77,38 : : 6 h. × 24 m. : 1 f.

```
            6
      -------
      463 28
          24
      -------
      1857 12
      9285 6
   ----------
fr.   1114 2,72
```

Q. 77. Une famille de cinq personnes dépense fr. 26,48 en trois semaines pour le pain seulement : on demande quelle est la dépense pour chacune par jour ?

Opération.

5 p. × 12 j. : fr. 26,48 : : 1 p. × 1 j. : x f.

```
  5
-----
105

   26,48 | 105
   ------|------
    5 48 | 0,252
     230
      20
```

R. fr. 0,25.

Q. 78. Quarante-deux hommes, en 28 journées de 10 heures $1/2$, ont fait un ouvrage : en combien de journées de 12 heures 24 hommes l'eussent-ils fait ?

Opération.

```
42 h. × 28 j. × 10 h. 1/2 : 1 :: 24 × x × 12 : 1
 7       7         2               2         2
          ─────────           ─────────
             21                  48
              7                  16
              7                   4
          ─────────
             49                   2
                              ──────────
              7                   8
          ─────────
            343
  1/8      42 jours 7/8
```

Q. 79. Cinq ouvriers auraient fini un ouvrage en 66 journées de onze heures : combien d'ouvriers aurait-il fallu de plus pour faire cet ouvrage en 30 journées 1/4, travaillant 12 heures par jour ?

Opération.

```
5×66×11 : 1 :: x × 30 j. 1/4 × 12 h. : 1
4  11                    4          2
   ──────          ──────────
20 11                  1211
   ─────────
10   1210    {  121
   ────────     ──────────
     0000    {   10 ouvriers.
```

R. Il eut fallu dix ouvriers, mais comme il. étaient déja cinq, il en aurait fallu cinq de plus

Q. 80. La garnison d'une place est de 1500 hommes, on veut faire leurs rations de 20 onces de pain pendant cinq mois, avec la provision qu'il y a; si l'on voulait augmenter cette garnison de 500 hommes, et faire durer leur provision huit mois, de combien d'onces seraient alors leurs rations ?

Opération.

15,00h. × 15,0j × 20 : : 20,00h × 24,0j × x : 1
3 5 4 8
1 15 1

75

1/8 9 onces 3/8

Q. 81. Avec 500 fr. on gagne 25 fr. dans un an : en combien de temps en gagnera-t-on 30 avec 450 francs ?

Opération.

50,0 × 1 : 25 : : 45,0 × x : 30
10,0 5 5 2
2,0 1
2

4

1/3 1 an 1/3 ou 4 mois, = 16 mois.

Q. 82. J'ai fait transporter 200 kilogr. de marchandises à 120 lieues d'ici, pour 450 f.; savoir combien on en ferait transporter pour 22725 fr., à 180 lieues d'ici ?

Opération.

```
2,00×120 : 45,0 f. : : x × 18,0 : 22725
1       40   15              9        8
                                  ------
         8    3                  181800
              9
       -------
             27
R.        181800 { 27
         ------- -------
            198    6733
             090
              090
               09
```

Q. 83. Fr. 800,55 de capital ont produit f. 70,60 d'intérêt, en 2 ans, 4 mois, 10 jours; quel capital produiraient 120 francs d'intérêt en 5 ans $^1/_2$?

Opération.

```
800,55×28m,10j. : f. 70,60 : : x×66m. : 120 f.
       30                         30
-----------                  ----------
      850                       1980
    80055                       7060
-----------                  ----------
   400275                      1188
  640440                      1386
-----------                  ----------
  68046750                    13978800
       120
-----------
 81656100,00 { 139788,00
-----------  -----------
 11762100,0    584,14 fr.
   579060,00
    19908,000
     5929,2000
      337,6800
```

RÈGLE DE SOCIÉTÉ.

D. Qu'est-ce que la règle de *Société?*

R. C'est une opération qui sert à partager entre plusieurs associés le profit ou la perte qui résulte de leur société.

D. Comment se fait ce partage?

R. Il se fait en parties proportionnelles aux mises des associés, et au temps que leur argent est resté dans la société; ce qui se fait par plusieurs règles de *trois directes.*

D. Quels sont les termes de ces règles de *trois?*

Le premier terme est la somme des mises, le second la somme que l'on veut partager, les troisièmes termes sont les mises particulières les quatrièmes donnent la part de chaque associé.

Q. 84. Trois marchands de bois ont acheté une petite coupe de bois; le premier y a contribué pour 275 francs, le second pour 475 francs, le troisième pour 500 francs, à ce marché ils ont gagné 150 francs : on demande quel sera le gain de chacun à proportion de sa mise?

Opération.

Mises des associés.

du 1er 275 francs
du 2e 475
du 3e 500

1250 som. des mises.

1re *Opération.*

1250 : 150 : : 275 : x
275

750
1050
300

41250 | 1250
03750 | 33 f. g. du 1er.
000

2e *Opération*

1250 : 150 : : 475 : x
475

750
1050
600

71250 | 1250
8750 | 57 f. g. 2[e]
00

3e *Opération.*

1250 : 150 : : : x

500
75000 | 1250
00000 | 60 f. g. d. 3[e]

Récapitulation du gain de chacun.

Gain du 1er. . . . . 33 francs.
du 2e. 57
du 3e. 60

150 francs.

Ce qui fait la preuve.

Q. 85. Trois personnes sont associées ensemble : la première a mis 36 francs, la seconde 24 francs, et la troisième 18 francs. Elles ont gagné 30 francs : on demande combien il revient à chacune, à proportion de sa mise?

Opération.

Mises.	Le premier.	36
	Le second.	24
	Le troisième	18
	Mise générale.	78

78 : 30 : : 36 : R. = 13 francs 85 centimes.
: : 24 : R. = 9 24
: : 18 : R. = 6 92

Preuve. 30 francs 00 centimes.

Q. 86 Quatre négocians ont fait un armement, dans lequel le premier a mis 8500 fr., le second 6400 fr., le troisième 4860 fr., et le quatrième 7440 fr.; ils ont gagné, tous frais faits, 12600 fr. : combien reviendra-t-il de bénéfice à chaque armateur ?

Opération.

Le 1er a mis.	8500 francs
Le 2e a mis.	6400
Le 3e a mis.	4860
Le 4e a mis.	9440
	29200 francs.

29200 : 12600 : : 8500 : R. = 3667,80
: : 6400 : R. = 2762,64
: : 4860 : R. = 2097,12
: : 9440 : R. = 4073,42
Produit du reste. 2

Preuve. 12600,00

Q. 87. Un homme en mourant est débiteur de 7500 fr. à trois créanciers : au premier de 3000 fr., au second de 2625 fr., et au troisième de 1875 fr., il laisse seulement en argent et effets 4509 fr. On voudrait savoir combien chaque créancier doit avoir de cette somme à proportion de sa créance ?

Solution. Puisque 7500 fr. se réduisent à 4500 fr., il s'agit de trouver à quoi se réduira chaque somme des créanciers ?

Opération.

7500 : 4500 : : 3000 : R. = 1800 fr. pour le 1er.
: : 2625 R. = 1575 pour le 2e.
: : 1865 R. = 1125 pour le 3e.
4500

Q. 88. Quatre marchands se sont associés et ont fait un fonds de 15000 fr., auquel ils ont contribué inégalement : à la fin de la société, ce fonds se trouve augmenté de 26877 fr. Or le premier doit avoir 13 parts, le second 11, le troisième 8, et le quatrième 7 ; on demande quelle sera la part de chaque associé ?

Le 1er.	13 parts.
Le 2e	11
Le 3e	8
Le 4e	7
	39

Addition du fonds et du gain.

```
                45000
                26877
              ─────────
                71877 francs.
39 : 71877 : : 13 : R. = 23959 fr. gain du 1er.
             : : 11 : R. = 20273          du 2e.
             : :  8 : R. = 14744          du 3e.
             : :  7 : R. = 12901          du 4e.
                               ───────
               Preuve.          71877
```

RÈGLE DE SOCIÉTÉ COMPOSÉE.

D. En quoi cette règle diffère-t-elle de la précédente ?

R. Toute la différence consiste à multiplier la mise de chaque associé par le temps qu'il l'a laissée dans la société, et la somme de toutes les mises ainsi multipliées, représentera le fonds de la société.

Q. 89. Trois négocians ont à se partager le gain qu'ils ont fait dans le commerce, qui est de 6000 francs; le premier a mis 3000 pour douze mois, le second 750 francs pour dix mois, le troisième a mis 500 francs pour six mois. Combien revient-il à chacun à proportion de sa mise, et du temps qu'elle est restée dans le commerce ?

3000 × 12 mois = 36000
750 × 10 mois = 7500
500 × 6 mois = 3000

Somme des mises 46500

6500 : 6000 :: 56000 : x = 4645,16
:: 7500 : x = 967,74
:: 3000 : x = 387,10

Preuve. 6000,00

Q. 90. Deux personnes se sont associées dans le commerce : la première a mis d'abord 100 fr. pour trois ans, puis 250 francs pour deux ans et enfin 125 pour un an, la deuxième a mis 350 francs pour quatre ans, et 400 francs pour trois ans. Le gain total est 4500 francs : combien chacune doit-elle avoir à proportion de ses mises, et du temps que l'argent a resté dans la société ?

100 × 3 ans = 300 fr. 350 × 4 ans = 1400 fr.
250 × 2 ans = 500 400 × 3 ans = 1200
125 × 1 an = 125 Mise de la 2e 2600

Mise de la 1re 925
Mise de la 2e 2600

Mises totales 3555 : 4500 :: 925 : x = 1180,85
:: 2600 : x = 3319,15

Preuve. 4500,00

RÈGLE D'INTÉRÊT.

D. Qu'est-ce que la *règle d'intérêt ?*

R. C'est une opération que l'on fait pour connaître la rente que produit un capital placé à un denier quelconque, ou à tant pour cent.

D. En combien de manières peut-on placer son argent ?

R. En deux manières : 1° à un tel denier, par exemple, au denier 25, 20, c'est-à-dire, que pour chaque 25 francs ou 20 francs, que l'on place, on retire un franc au bout d'un an; 2° à tant pour cent, par exemple, à 4, à 5, c'est-à-dire, pour chaque 100 francs de capital, on recevra au bout d'un an 4 francs ou 5 francs; c'est ce qui s'appelle la rente.

Q. 91. Un ouvrier ayant amassé 1500 fr. par ses épargnes, veut se faire une rente; pour cela, il place son argent à constitution au denier 20; on demande quelle sera sa rente annuelle ?

Opération.

Si 20 donnent 4, combien 1500 ? R. 75 fr.

```
        1
     1500  | 50
    ------ |----
      100  | 75
      000
```

ou $20 : 1 :: 1500\ x = 75$

Q. 92. On demande quelle sera la rente annuelle d'un particulier qui a fait un contrat de constitution de 13815 francs au denier 25 ?

R. 552 fr. 6 décimes

$$25 : 13815 :: 1 : x; \text{ ou } 25 : 1 :: 13815 : x$$

1		1/5	2763
13815	25	1/5	552,6
134	552,6 déc.		
65			
150			
00			

Q. 93. Je voudrais savoir quel capital il faudra placer à 4 pour cent, afin de se faire une rente annuelle de 552 fr. 6 décimes ?

R. 13815 fr.

Puisque 4 est comme la rente de cent francs, j'aurai cette proportion :

$$4 : 100 :: 552,6 : x$$

	10,0
	55560,0
Capital fr. 1/4	13815

Q. 94. Combien recevrai-je au bout d'un an et demi, si je place 4620 fr. au denier 25 ?

R. 277,2 déc.

Opération.

Si 25 donnent 1, combien 4620 ?

$^1/_5$	924
$^1/_5$	184,6 déc. pr 1 an.
$^1/_2$	92,4 d. pr 18 mois.
donc	277,2 d. pr 18 mois.

Q. 95. Un officier a placé 54200 fr. au denier 24 ; il s'est absenté pendant sept ans ; combien doit-il recevoir pour les rentes échues ?

Solution.

$24 \times 1\text{an} : 1 :: 24200 \times 7\text{ ans} : x =$ f. $7058,33^1/_3$

Q. 96. Un particulier ayant contracté une dette de 7058,33 c. $^1/_3$, il veut l'acquitter en sept ans ; à quel denier doit-il placer un capital destiné à faire ce paiement, lequel capital est de 24200 francs ?

Solution.

$24200 \times 7\text{ ans} : 7058,33\,^1/_3 :: x \times 1\text{ an} : 1$
Opérant, on a $x =$ au denier 24.

Q. 97. Quel est l'intérêt de francs 9796,38 à 4 pour $^0/_0$?

Solution. $100 : 4 :: 9706,37 : x$
ou $10000 : 4 :: 9796,38 : x =$ f. 391,86

$$\begin{array}{r} 4 \\ \hline 391,8552 \end{array}$$

Q. 98. Quel est l'intérêt de fr. 9000,87 pour 3 ans 3 mois $1/2$, à 3 $1/3$ pour $0/0$?

Opération.

$100 \times 1 : 3\,1/3 :: 900088 \times 3$ ans 3 mois $1/2 : x$
ou $10000 \times 21 : 3\,1/3 :: 9000{,}88 \times 79 : x$
R. fr, 987,6.

Q, 99. A quel taux pour cent faut-il placer un capital de 24200 fr., pour se faire une rente annuelle de francs 1008,33 $1/3$?

Opér. $242{,}00 : 1008{,}33\,1/3 :: 1{,}000 : x$

$$\begin{array}{ll} \underline{\;\;3\;\;} & \underline{\;\;3\;\;} \\ 726 & 3025{,}00 \\ & \overline{\;121\;} \end{array} \Big\} \begin{array}{l} 726 \\ \hline 4\,{}^{121}/_{726} = 4\,{}^{1}/_{9}\,\mathrm{p}\,{}^{0}/_{0} \end{array}$$

Observation. La facilité de diviser par cent a introduit en France l'usage de calculer l'escompte, comme les intérêts, et il faut s'y conformer.

Q. 100. J'ai acheté pour 500 fr. de marchandises payables dans un an; on veut en faire l'escompte à 6 pour cent par an, si je paie avant le terme convenu. Combien dois-je payer si je paie comptant?

Opér. $\underline{1{,}00 : 94 :: 5{,}00 : x}$

5

470 fr. à payer.

DES FRACTIONS.

D. Qu'est-ce qu'une *fraction?*

R. C'est une ou plusieurs parties de l'unité partagée en un nombre quelconque de parties égales.

D. Comment exprime-t-on les *fractions*?

R. Par deux nombres placés l'un au-dessus de l'autre, et séparés par une ligne : tels sont $^1/_2$, $^2/_3$, $^4/_5$, $^7/_4$, que l'on énonce en disant : un demi, deux tiers, quatre cinquièmes, sept quarts, etc.

D. Comment appelle-t-on les deux termes d'une *fraction?*

R. Le terme supérieur se nomme *numérateur*, et le terme inférieur *dénominateur*.

D. Que marquent ces deux termes?

R. Le *numérateur* marque combien la *fraction* contient de parties de l'unité, et le *dénominateur*, en combien de parties égales l'unité est divisée; ainsi cette fraction $^3/_4$, marque que l'unité a été partagée en quatre parties égales, et qu'on a trois de ces parties. Si donc je coupe une pomme en quatre parties égales, et que j'en retienne trois morceaux, j'aurai les trois quarts de la pomme, ce qui se marque par cette *fraction* $^3/_4$.

D. Comment peut-on considérer une *fraction?*

R. Comme une division dont le *numérateur* est le dividende, et le *dénominateur* le diviseur.

D. Que peut-on conclure de là?

R. Les mêmes conséquences qu'on a tirées de la définition de la division, savoir :

1° Lorsque le numérateur égale le dénominateur, la *fraction* vaut un entier ou l'unité.

2° Lorsque le numérateur est plus petit que le dénominateur, la fraction est plus petite que l'unité.

3° Lorsque le numérateur est plus grand que le dénominateur, la *fraction* est plus grande que l'unité.

4° Plus le numérateur est petit, le dénominateur restant le même, plus la *fraction* est petite; et plus le numérateur est grand, le dénominateur restant le même, plus la *fraction* est grande.

5° Au contraire, plus le dénominateur est petit, le numérateur restant le même, plus la *fraction* est grande; et plus le dénominateur est grand, plus la fraction est petite.

6° Qu'il y a deux moyens de diviser une *fraction* : 1° en divisant son numérateur, 2° en multipliant son dénominateur; et deux moyens de multiplier une *fraction* : 1° en multipliant son numérateur, et 2° en divisant son dénominateur.

7° Si l'on multiplie ou si l'on divise les deux termes d'une *fraction* par un même nombre, elle ne changera pas de valeur : ainsi $^2/_4 = {}^1/_2$, $^{12}/_{16} = {}^3/_4$, $^{50}/_{100} = {}^1/_2$.

8° La *fraction* vaut autant d'unités que le numérateur contient de fois le dénominateur : ainsi $^8/_4 = 2$, $^{48}/_{12} = 4$, etc.

RÉDUCTION DES FRACTIONS.

D. Qu'est-ce que la *réduction* des *fractions?*

R. Ce sont divers changemens qu'on fait subir aux *fractions*, sans que pour cela elles changent de valeur.

D. Quelles sont les principales *réductions?*

R. Il y en a quatre : 1° réduire les entiers, ou des entiers et *fractions*, en une seule *fraction*.

2° Réduire des *fractions* en entiers, lorsqu'elles en contiennent.

3° Réduire les *fractions* à leur plus simple expression.

4° Réduire les *fractions* en même dénomination.

Première réduction.

On réduit les entiers en *fractions*, en les multipliant par le dénominateur donné. Lorsqu'il y a une *fraction* jointe aux entiers, on ajoute le numérateur au produit.

Q. 102. Combien y a-t-il de quarts dans trois unités? R. 12 quarts, parce que $3 \times 4 = 12$.

Q. 103. Réduisez 18 mètres en huitièmes?

Solution. $18 \times 8 = {}^{144}/_{8}$.

Q. 104. On veut réduire $7\,{}^{2}/_{3}$ en une seule *fraction* $7 \times 3 = 21$, plus $2 = 23$, donc ${}^{23}/_{3}$.

Seconde réduction, preuve de la première.

Pour réduire les *fractions* en entiers lorsqu'elles en contiennent, il faut diviser le numérateur par le dénominateur, le quotient donnera les unités; le reste, s'il y en a, sera le numérateur d'une *fraction*, qui aura pour dénominateur celui de la *fraction* primitive.

Q. 105. Donnez-moi les entiers contenus dans $^{12}/_{4}$?

Solution.

12	4
0	3

La réponse est donc 3 unités.

Q. 106. Un tailleur a acheté en différentes fois, 144 huitièmes de mètres de drap, combien cela fait-il de mètres ? R. 18 mètres.

Solution.

144	8
64 00	18 mètres.

Q. 107. Combien y a-t-il d'unités dans cette *fraction* $^{418}/_{19}$?

Solution.

418	19
38 00	22 unités.

Troisième réduction.

Pour réduire une *fraction* à sa plus simple expression, il faut diviser ses deux termes par un même nombre, ou par le plus grand commun diviseur.

Q. 108. Réduisez les *fractions* $^4/_8$, $^9/_{12}$ et $^{30}/_{50}$ à leur plus simple expression?

R. $^1/_2$, $^3/_4$ et $^3/_5$.

Ici on a pris le quart des deux termes de la première *fraction*, le tiers de ceux de la seconde, et le dixième de ceux de la troisième.

D. Qu'est-ce que le plus grand commun diviseur de deux nombres?

R. C'est le plus grand nombre qui les divise tous deux exactement et sans reste.

D. Que faut-il faire pour trouver le plus grand commun diviseur des deux termes d'une *fraction?*

R. Il faut diviser le dénominateur par le numérateur; s'il ne reste rien, ce sera le numérateur qui sera le plus grand commun diviseur; s'il y a un reste il faut diviser le premier diviseur par ce reste, et continuer ainsi la division jusqu'à ce qu'elle se fasse sans reste; le dernier diviseur qu'on aura employé sera le plus grand commun diviseur, par lequel il faudra diviser les deux termes de la *fraction.*

Q. 109. Quelle est la plus simple expression de $^{117}/_{1365}$? R. $^3/_{35}$.

Opération.

1365	117	78	39 plus grand commun
195	11	1	2 diviseur.
78	39	0	

117 } 39 / 3 nouveau Nr.
80 }

1365 } 39 / 35 N. Dr.
195 }
00 }

Quatrième réduction.

Pour réduire plusieurs *fractions* en même dénomination, il faut choisir un nombre qui puisse être divisé sans reste, par chacun des dénominateurs, et en faire le dénominateur commun, le diviser par chaque dénominateur particulier, et multiplier les deux termes de chaque *fraction* par le quotient : on aura de nouvelles *fractions* égales aux premières.

Q. 110. Mettez en même dénomination les *fractions* suivantes, $^1/_2$, $^2/_3$ et $^3/_4$.

R. $^6/_{12}$, $^8/_{12}$ et $^9/_{12}$.

Je vois que 12 est multiple de 2, de 3 et de 4, c'est-à-dire, qu'il peut être divisé sans reste par chaque dénominateur; j'en fais le dénominateur commun, et je fais l'opération suivante :

12 D. C.

$^1/_2 \times 6 = {^6/_{12}}$
$^2/_3 \times 4 = {^8/_{12}}$
$^3/_4 \times 3 = {^9/_{12}}$

D. Comment trouve-t-on le dénominateur commun, en général ?

R. En multipliant tous les dénominateurs l'un par l'autre ; on peut se dispenser de multiplier par ceux qui sont sous-multiples de quelques autres.

Q. 111. On veut réduire ces *fractions* $^2/_3$, $^4/_5$, $^5/_6$ et $^7/_8$ en même dénominateur ?

	240 D. C.
6	
5	$^1/_3 \times 80 = {}^{160}/_{240}$
30	$^4/_5 \times 48 = {}^{192}/_{240}$
8	$^5/_6 \times 40 = {}^{200}/_{240}$
240	$^7/_8 \times 30 = {}^{210}/_{240}$

Pour avoir le dénominateur commun, je n'ai pas multiplié par 3, parce qu'il est sous-multiple de 6.

ADDITION DES FRACTIONS.

D. Comment se fait l'*addition* des *fractions ?*

R. En ajoutant ensemble tous les numérateurs quand les *fractions* sont en même dénomination ; si elles n'y sont pas, il faut les y mettre, ou les y réduire, par la quatrième *réduction :* ensuite on divise la somme des numérateurs par le dénominateur commun, pour avoir les entiers qui s'y trouvent.

D. Comment fait-on la preuve de cette règle ?

R. En ajoutant de nouvelles *fractions*, lesquelles ont pour dénominateurs les mêmes que ceux de la règle, et pour numérateurs ce qui manque aux numérateurs de la règle, pour que chacun soit égal à son dénominateur. On fait la somme de ces *fractions*, que l'on joint à la somme des *fractions* de la règle. Si le total donne autant d'unités qu'il y a de fractions dans la question, la règle est bien faite.

Q. 112. On demande combien il y a d'entiers ou d'unités dans les *fractions* suivantes $^1/_8$, $^3/_8$, $^5/_8$, $^7/_8$? R. 2.

Solution.		*Preuve.*	
$^1/_8$		$^7/_8$	
$^3/_5$		$^5/_8$	
$^5/_5$		$^3/_8$	
$^7/_5$		$^1/_8$	
16	8	16	8
0	2 entiers	0	2 en. en. t. 4

Q. 113. Un tailleur a quatre coupons de drap, savoir : $^2/_3$, $^3/_4$, $^5/_6$, et $^1/_8$; on veut savoir combien il y a de mètres ? R. 2 $^3/_8$.

Solution.		*Preuve.*	
24 D. C.		24 D. C.	
$^2/_3 \times 8 = {}^{16}/_{24}$		$^1/_2 \times 8 = {}^8/_{24}$	
$^3/_4 \times 6 = {}^{18}/_{24}$		$^1/_4 \times 6 = {}^6/_{24}$	
$^5/_6 \times 4 = {}^{20}/_{24}$		$^1/_6 \times 4 = {}^4/_{24}$	
$^1/_8 \times 3 = {}^3/_{24}$		$^7/_8 \times 3 = {}^{24}/_{24}$	
57	24	39	24
9	2 $^9/_{24}$	15	1

1 $^{15}/_{24}$ quotient de la preuve.

4

SOUSTRACTION DES FRACTIONS.

D. Que faut-il faire pour soustraire une *fraction* d'une *fraction?*

R. Si les deux *fractions* ne sont pas en même dénomination, il faut les y réduire, puis retrancher un numérateur de l'autre et donner au reste le dénominateur commun.

Q. 114 De $5/_6$ ôtez $3/_6$.

Solution. 5—3 = $2/_6$ ou $1/_3$. R.

Q. 115. De $6/_9$ ôtez $3/_9 = 3/_9$.

Q. 116. De 6 aunes $2/_3$, on en a vendu 1 aune $7/_8$; combien en reste-t-il?

De 6 $2/_3 = 16/_{24}$
Otez 1 $7/_8 = 21/_{24}$
Il reste 4 $19/_{24}$

MULTIPLICATION DES FRACTIONS.

D. Que faut-il faire pour multiplier deux *fractions* l'une par l'autre?

R. Il faut multiplier leurs deux numérateurs l'un par l'autre, ainsi que leurs dénominateurs; le premier produit est le numérateur de la *fraction* de la réponse, et le second en est le dénominateur. Ainsi, $2/_3$ 1 × $5/_9 = 10/_{27}$

Si les fractions étaient exprimées par beaucoup de chiffres, comme $\frac{32}{48} \times \frac{131}{230}$, il faudrait mieux les placer ainsi : $\frac{31/230}{32/48}$, parce qu'il serait plus facile d'opérer les deux multiplications, ainsi qu'on le voit :

```
 131/230
  32 /48
----------
 262 1840
 394  920
----------
4192/11048=131/345.
```

D. Comment s'y prendre, si deux fractions contenaient des entiers et fractions ?

On réduirait les entiers en leurs *fractions* respectives, et puis l'on opérerait comme dans le cas précédent. Ainsi, pour multiplier 4 $^2/_3$ par 5 $^1/_2$, on opérerait comme l'on voit :

```
4 2/3  ×  5 1/2
3         2
-----     -----
14/3      11/2
11/2
```

qui donnerait $^{154}/_3$ = 15 $^4/_6$ = $^2/_3$ pour produit.

DIVISION DES FRACTIONS.

COMMENT divise-t-on une *fraction* par une autre *fraction?*

R. On renverse la *fraction* diviseur (ainsi cette *fraction* $^2/_5$ étant renversée, devient celle-ci $^5/_2$), et puis on opère exactement, comme on l'a dit pour la multiplication. Les quatre exemples suivans font comprendre ce qu'on vient de dire.

Q. 117. Quel est le quotient de $^3/_4$ divisés par $^5/_6$?

Opér. $^3/_4$

$\times$ $^6/_5$

Rép. $^{18}/_{20} = {^9/_{10}}$

Q. 118. Si vous divisiez 4 par $^3/_5$ quel sera le quotient?

Opér. $^4/_1$

$\times$ $^5/_3$

$^{20}/_3 = 6\,^2/_3$

C'est-à-dire, que 4 entiers contiennent la *fraction* $^3/_5$ six fois et deux tiers de fois. Au reste, on voit bien que 4 ou $^4/_1$ sont la même chose.

Q. 119. J'ai 15 mètres $^1/_3$ de moire pour

couvrir des missels ; combien pourrai-je en couvrir, s'il faut $^3/_4$ de mètre pour chacun ?

Opér. 15 $^1/_3$ d. p. $^3/_4$, ou 15 $^1/_3$ × $^4/_3$
3

$^{46}/_3$
$^4/_3$

$^{184}/_9$ = 20 miss. $^4/_9$

Q. 120. Si vous divisiez 20 $^3/_4$ par $^5/_6$ quel serait le quotient ?

Opération.

20 $^3/_4$ d. p. 3 $^5/_6$
4 6

$^{84}/_4$ $^{23}/_6$
$^6/_{23}$

$^{498}/_{92}$ = 5 $^{38}/_{92}$ ou $^{19}/_{46}$

REDUCTION DES FRACTIONS.

EN DÉCIMALES.

Pour réduire une *fraction* absolue en *fraction* décimale, il faut ajouter au numérateur autant de zéros qu'on veut avoir de chiffres décimaux et le diviser par le dénominateur : on sépare du quotient autant de décimales qu'on a ajouté de zéros au numérateur, et pour marquer les décimales, on met au quotient, à la place des unités, un zéro qui est suivi d'une virgule.

Q. 121. On voudrait réduire $^{8}/_{25}$ en *fraction* décimale ? R. 0, 32, ou $^{32}/_{100}$.

J'ajoute un zéro au numérateur, et j'ai 800 à diviser par 25.

800	25
50	0,32
00	

Q. 122. Mettez en *fraction* décimale $^{53}/_{64}$ à moins d'un centième près. R. 0,82.

5300	64
180	0,82
52	

On néglige le reste qui est peu de chose puisqu'il est moindre que $^{1}/_{100}$.

Q. 123. On propose de réduire $^{5}/_{9}$ en *fraction* décimale à moins d'un millième près.

5000	9
50	0,555
50	
5	

Quand le numérateur contient des décimales, on le divise par le dénominateur, et on sépare du quotient autant de décimales qu'il y en a à ce numérateur.

Q. 124. Quelle est la valeur de cette *fraction* $^{23,516}/_{32}$ en décimales ? R. 0,735.

```
23,546 { 32
-------------
1 14     0,735
 186
  25
```

Si le numérateur ne peut être divisé par le dénominateur, il faut y ajouter autant de zéros qu'il en est besoin, et agir comme il vient d'être dit.

Q. 125. Quelle est la valeur de cette *fraction* $^{24}/_{437}$ en décimales ? R. 0,04.

```
2400 { 437
-------------
 214   0,05
```

Q. 126. Quelle est la valeur de cette *fraction* $^{7}/_{8}$ en décimales ? R. 0,875 millièmes.

```
7  { 8
-------------
70   0,875
 60
  40
  ..
```

On voit par cette opération que $^{7}/_{8}$ sont égaux à 0,875 millièmes.

Depuis l'an 1794, on ne se sert plus en France des anciennes monnaies, mesures, poids, etc. On a pris pour base de toutes les mesures la dix-millionième partie du quart d'un méridien, qu'on a appelé *mètre*, qui veut dire mesure, = 3 pieds 11 lignes, 5 points, ou 443 lignes, 5 points. Toutes les mesures dérivent du mètre; il sert à former l'*are*, le *stère*, le *litre*, le *gramme*, et à fixer la valeur du *franc*.

On observe que *déca* signifie dix; *hecto*, cent; *kilo*, mille; *myria*, dix mille; *déci*, dixième de; *centi*, centième de; *milli*, millième de. Voyez le modèle suivant.

M. myria
K. kilo
H. hecto.
D. déca. } mètre, are, litre, gramme, stère.
d. déci.
c. centi.
m. milli.

L'*are* est une surface agraire de dix mètres en long et en large — cent mètres carrés; il sert à mesurer des surfaces.

Le *stère* est un espace qui a un mètre en long, en large et en hauteur, ou en profondeur; c'est le mètre cube, il sert à mesurer le bois de chauffage.

Le *litre* est le décimètre cube creux, c'est le *kilogramme* ou *nouvelle mesure*; il sert à mesurer les matières sèches, comme le blé, etc.; les liquides, comme le vin, l'huile.

Le *gramme* est le centimètre cube, il sert pour une petite pesée, comme pour l'or, l'argent, etc.

Le *franc* pèse 5 grammes; il se divise en

10 décimes, le décime en 10 centimes, et équivaut à 20 sous tournois de 12 deniers; le décime = 2 sous tournois, et le centime 2 deniers $^2/_3$.

Notions touchant la réduction de quelques mesures, poids, surfaces, etc., anciennes et modernes, et réciproquement.

Le mètre vaut toises 0,513 ou pieds 2,079438.

La toise vaut mètres 1,9484.

Le mètre vaut, aunes de Paris, 0,84.

L'aune de Paris, mètres 1,1881; ou toises 0.8417.

Connaissant donc la valeur du mètre, on saura celle de deux, en doublant sa valeur; celle de trois, en la triplant, etc. Ce qu'on dit du mètre s'entend de la toise, etc.

Nota. Neuf lieues communes de 25 au degré font exactement quatre myriamètres, ou *lieues modernes*, en sorte que le myriamètre vaut deux lieues $^1/_4$ communes de 2281 toises 6 pouces chacune.

Le *myriamètre* est donc *la nouvelle lieue* = 5132 toises.

Le *kilomètre* est le *nouveau mille* = 513 toises.

Le décamètre est la *nouvelle perche* = 5 toises $^{13}/_{100}$.

Le *décimètre* est la *palme* = pieds 0,3079.

Le *centimètre* est le *doigt* = pieds 0;0308.

Et le *millimètre* est le *trait* = pieds 0,00308.

La toise carrée vaut mètres carrés 3,7987.

Le mètre carré vaut toises carrées 0,263, ou

9 pieds carrés, 68 pouces carrés, 95 lignes carrées; ou pouces carrés 1364,66 ou pieds carrés 9,47682.

L'*hectare* carré vaut arpent carré 1958.

L'*arpent* carré vaut hectare carré 0,5107.

La *livre* poids de marc vaut kilogramme 0,4895, ou gramme 489,5.

Le *kilogramme*, ou la *nouvelle livre* = livres 2,0429, ou 2 livres 0 onces 5 gros 35 grains, $^{15}/_{100}$.

Le *mètre* cube d'eau distillée, etc. pèse 2044 livres, 6 onces, 0 gros, 1 d. 16 gr. $^{10}/_{100}$; il s'appelle aussi bar, ou millier.

Le *litre*, qui est le décimètre cube creux, pèse livres 2,0429, ou 2 livres 0 onces, 5 gros 35 grains $^{15}/_{100}$.

Le *gramme*, qui est le centimètre cube creux, pèse 18 grains $^{84}/_{100}$.

Le *décagramme* est le nouveau gros.

L'*hectogramme* est la nouvelle once.

Le *mètre* cube, vaut toises cubes 0,1351, ou 0 toises cubes, 9 pieds cubes, 380 pouces cubes, 756 lignes cubes.

La *toise* cube vaut mètres cubes 7^{m} 404.

Le pied cube vaut décimètres cubes 34^{c} 277.

Nota. 80 francs = 81 livres; donc pour convertir des francs en livres, on fait cette proportion :

80 fr. : 81 liv. :: tant de fr. : *x* liv.

et réciproquement pour convertir les livres en francs, ont fait celle-ci :

81 liv. : 80 fr. :: tant de liv. *x* : fr.

De plus, puisque le mètre vaut lignes 443,296,

et la toise lignes 864,0, on peut convertir les mètres en toises par cette proportion:

443,296 : 864,000 : : tant de mètres : x toises.

Et réciproquement, on peut convertir les toises en mètres par celle-ci :

864,000 : 443,296 : : tant de toises : x mètres.

VALEUR ET DÉNOMINATION

DES MONNAIES D'OR ET D'ARGENT DE FRANCE.

MONNAIES ANCIENNES.

Louis de 48 livres perd 16 sous, ou 80 centimes; il ne vaut aujourd'hui que 47 francs 20 centimes.

Louis de 24 livres perd 9 sous, ou 45 centimes; il ne vaut que 23 francs 55 cent.

Ecu de 6 livres perd 4 sous, ou 20 centimes; il ne vaut que 5 francs 80 centimes.

Ecu de 3 livres perd 5 sous, ou 25 centimes; il ne vaut que 2 francs 75 centimes.

La pièce de 24 sous perd 4 sous, ou 20 centimes; elle ne vaut plus que 1 franc.

La pièce de 12 sous perd 2 sous ou 10 cent. elle ne vaut que 10 sous, ou 50 cent.

La pièce de 6 sous perd 1 sou, ou 5 centimes; elle ne vaut que 5 sous, ou 25 centimes.

MONNAIES NOUVELLES.

Pièce de 40 francs.
Pièce de 20 francs.
Pièce de 5 francs.
Pièce de 2 francs.
Pièce de 30 sous, 1 franc cinquante centimes.
Pièce de 1 franc.
Pièce de 15 sous, ou 75 centimes.
Pièce de 10 sous, ou cinquante centimes.
Pièce de 5 sous, ou 25 centimes.

CHIFFRES ROMAINS

ET LEUR VALEUR.

I = 1, V = 5, X = 10, L = 50, C = 100, D = 500, M = 1000. Ces lettres ayant un trait par dessus valent mille fois autant. Ainsi $\bar{\text{I}}$ = 1000, $\bar{\text{V}}$ = 50000, etc. Une lettre de moindre valeur qu'une autre l'augmente d'autant si elle est devant, et la diminue si elle est derrière, comme XI = 11, et IX = 9, etc, I ne se met que derrière V et X. X ne se met que derrière L et C. C ne se met que derrière D et M, comme on le voit en la table des chiffres. Quelquefois elle sert de multiplicateur, comme VM — 50000. On écrit 5000 par IↃ, comme par D, et son double CIↃ = 10000. Enfin CIↃ étant renfermé entre deux crochets est censé multiplié par dix; ainsi CCIↃↃ = 10000; s'il est renfermé entre quatre, il est multiplié par cent, ainsi CCCIↃↃↃ — 100000, etc., comme on le voit par la table suivante.

TABLE DES CHIFFRES.

Romains.	*Arabes.*	*Romains.*	*Arabes.*
I vaut	1	XXIV	24
II	2	XXV	25
III	3	XXVI	26
IV	4	XXVII	27
V	5	XXVIII	28
VI	6	XXIX	29
VII	7	XMX	30
VIII	8	XXXV	35
IX	9	XXXIX	39
X	10	XL	50
XI	11	XLVII	47
XII	12	XLIX	49
XIII	13	LI	51
XIV	14	LX	60
XV	15	LXXXI	81
XVI	16	XCIV	94
XVII	17	XCIX	99
XVIII	18	CCCI	304
XIX	19	CD	400
XX	20	DC ou IↃC	600
XXI	21	DCCCXVI	816
XXII	22	CM	900
XXIII	23	MC	1100
MMM ou IIIᴍ	300	MM ou IIᴍ	2000
CCIↃↃ ou X	10000	CCCCIↃↃↃↃ ou M	
IↃↃ ou V	5000		1000000
CCCIↃↃↃ	100000	IↃↃↃↃ	500000
IↃↃↃ	50000	MM	2000000
MD ou CIↃIↃ	1500	Xᴍ	10000000
		Cᴍ	100000000

Nota. On ne met jamais 4 lettres égales de suite, comme : IIII ou XXXX ou CCCC, au lieu de IV ou XL ou CD; mais on écrit III = 3, XXX = 30, CCC = 300.

DIVERSES QUESTIONS.

DE L'ADDITION.

QUESTION Ire. Si une caisse de sucre coûte 245 fr. 7 déc., combien faut-il la revendre pour y profiter 34 francs 85 cent ?

R. 280 fr. 50 cent.

Q. 2. Un particulier voulant faire une emplette, n'avait que 8 fr. 456 m., il emprunta à une personne 25 fr. 36 cent., et à une autre 359 fr. 4 déc. : quelle fut la somme totale ?

R. 393 francs 216 m.

Q. 3. J'ai changé une pièce de drap de 234 fr. 7 déc., pour une pièce de velours; j'ai rendu 86 fr. 25 cent., et je dois encore 9 fr. 764 millièmes : quel est le prix de la pièce de velours ?

R. 330 francs 984 millièmes.

Q. 4 Un marchand ayant acheté dans une foire pour 645 fr. de marchandises, et payé 7 fr. 92 centimes de droit, il eut encore 357 francs de reste, après avoir ôté 9 francs 87 centimes pour sa dépense personnelle : combien avait-il porté d'argent à la foire ?

R. 1019 francs 79 centimes.

Q. 5 La gouvernante revient du marché; elle a acheté pour 6 francs 753 millièmes de beurre, pour 3 francs 36 centimes de fromage, pour 5 fr. 6 déc. de pommes, et pour 2 fr. de jardinage: combien a-t-elle dépensé ?

R. 17 francs 714 millièmes.

Q. 6. Pierre vient de faire un voyage de 4 jours; le premier jour il a dépensé 9 francs, le second 7 francs 5 déc., le troisième 5 francs 65 centimes, et le quatrième 8 fr. 735 millièmes : combien a-t il dépensé pour ce voyage ?

R. 30 francs 886 millièmes.

Q. 7. Je dois à quatre particuliers; au premier 8 fr., au second 17 francs 5 déc., au troisième 345 fr. 75 cent., au quatrième 87 fr. 6 décim.; après les avoir payés, il m'est resté 9 fr. : quelle somme avais-je avant que de payer mes dettes?

R. 467 francs 85 centimes.

Q. 8. Cinq particuliers donnèrent pour l'entretien de l'église les sommes suivantes : le premier donna 8 francs 8 déc., le second 9 francs 9 déc., le troisième 210 francs 124 millièmes, le quatrième 230 fr. 034 millièmes, et le cinquième 6 fr. 6 déc.; de cette somme on acheta une croix en argent moyennant 4 fr. 4 déc. de plus : quel en est le prix ?

R. 469 francs 758 millièmes.

Q. 9. On me mit à l'école à l'âge de 7 ans et 6 mois, je la fréquentai 5 ans et 9 mois; ensuite on me mit en apprentissage pendant 3 ans et 4 mois; après je partis pour mon tour de France, où je restai 8 ans. Aujourd'hui il y a trois ans et 9 mois que je suis de retour : quel est mon âge ?

R. 28 ans 4 mois.

Q. 10. D'après le calcul la population de l'Asie est d'environ 580,080,000 d'habitans.

Celle de l'Europe, de 180,509,000.

Celle de l'Afrique, de 050,080,000.

Celle de l'Amérique, de 80,000,000.

Quelle est donc la population de toute la terre

R. 990,591,000.

DE LA SOUSTRACTION.

Q. 11. Un maquignon a acheté un cheval pour 694 francs 35 centimes, et l'a revendu 785 fr. : combien a-t-il gagné?

R. 90 francs 65 centimes.

Q. 12. Un particulier vendit une maison 7659 francs 36 centimes, laquelle lui avait coûté 8009 francs 05 centimes: quel fut son gain ou sa perte?

R. Il perdit 349 francs 69 cent.

Q. 13 Un négociant a porté 60,000 fr. 3 déc. à la foire de Beaucaire, et après avoir fait ses emplettes, il lui est resté 5,671 fr. 9 déc. : combien a-t-il employé d'argent à la foire?

R. 54,325 francs 6 décimes.

Q. 14. Je dois à mon boulanger 36 francs 07 centimes, à mon boucher 25 francs 09 centimes; je n'ai que 49 francs 64 centimes pour payer; combien me manque-t-il?

R. 11 francs 52 centimes.

Q. 15. Je dois à un marchand de toile 36 fr. [illegible] déc., et après lui avoir fait un à-compte de 9 fr. 75 cent., il me livra derechef pour 8 fr. 64 cent. de toile; à présent je lui donne 28 fr. 5 décim. : combien lui devrai-je encore?

R. 7 francs 19 centimes.

Q. 16. Un général d'armée ayant donné une bataille avec 15,650 soldats, il en eut 9 de tués, 87 de blessés, et 654 qui furent fait prisonniers : combien lui en resta-t-il de combattans ?

R. 14,900 hommes.

Q. 17. Un père de famillle avait trois enfans et 9,000 fr. de bien qu'il leur donna. Il donna à l'aîné 4,258 francs, au cadet 3,146 francs, le plus jeune eut le reste : quelle fut sa portion ?

R. 1596 francs.

Q. 18 Jacques devait 246 francs 9 décimes, et n'avait que 17 francs 48 cent., il emprunte 141 francs 9 déc. à Jean, et Pierre lui prêta pour finir ce paiement : combien lui prêta-t-il ?

R. 88 francs 72 centimes.

Q. 19. Un marchand drapier m'a livré pour 243 francs de drap, pour 56 francs de toile, et pour 8 francs de fil ; je lui ai donné à-compte pour 9 fr. de sucre, 6 fr. 7 déc. de café, 4 fr. 56 cent. de poivre, et pour 3 fr. 538 millièmes d'huile : combien lui dois-je ?

R. 282 francs 412 millièmes.

Q. 20. Un père de famille a acheté pour habiller ses enfans, une pièce d'étoffe de 31 mètres ; il lui a fallu 7 mètres 9 décimètres pour l'aîné, 6 mètres 24 centimètres pour le cadet, et 4 mètres 8 décimètres pour le plus jeune : combien lui en restera-t-il pour lui ?

R. 15 mètres 11 centimètres.

Q. 21. Un fabricant a acheté une balle de coton pesant 75 kilogrammes ; on lui a rabattu 63 hectogrammes de tare, et 75 grammes du trait ou bon poids : combien en doit-il payer de net ?

R. 168 kilogrammes et 625 grammes.

Q. 22. Un aubergiste a acheté un tonneau de vin contenant 7 hectolitres; il en a mis en bouteilles 58 décalitres; il en a vendu 154 litres, et en a consommé 19 litres : combien en doit-il rester dans le tonneau ?

R. 147 litres.

Q. 23. Sur un terrain de trois décares, on a fait un verger de 9 ares, un jardin de 5 ares et 4 déciares, un parterre de 6 ares et 6 déciares; le reste est destiné pour y construire un château de 4 ares 56 centiares : quelle sera la superficie de la cour ?

R. 4 ares 56 centiares.

Q. 24. Joseph dit qu'il est né l'an 1799, le 15 septembre, aujourd'hui 1835, le 28 novembre, quel est son âge ?

R. 36 ans 2 mois et 13 jours.

DE LA MULTIPLICATION.

Q. 25. On vient de bâtir un palais où il y a 365 croisées, chacune de 36 carreaux, à raison de 80 centimes le carreau; que faudra-t-il pour payer le vitrier ?

R. 10,512 francs.

Q. 26. Quel est le cube d'un mur qui a 25 mètres 7 décimètres de longueur, 12 mètres 8 décimètres de hauteur et 75 centimètres d'épaisseur ?

Q. 27 Il est arrivé 20 bâtimens chargés chacun de 600 barils de harengs; chaque baril en contient 5,000, et on les vend à raison de 5 centimes la pièce : quel sera le montant de la vente ?

R. 2,500,000.

Q. 28. Un aubergiste paie 136 francs 9 déc. d'un tonneau de 375 litres de vin; il le vend à raison de 0 fr. 49 centimes le litre, quel sera son bénéfice ?

R. 46 francs 85 centimes.

Q. 29. J'ai livré à mon associé 27 mètres 6 décimètres de drap, à 7 fr. 4 décim. le mètre, il m'a donné à-compte 34 mètres de toile, à 3 fr. 46 cent. le mètre : combien me doit-il encore ?

R. 86 francs 5 décimes.

Q. 30. Un voiturier porta de Marseille à Paris 3,500 kilogrammes de sucre, il avait 24 cent. par kilogramme; il demeura 33 jours en route, et dépensait 12 fr. 5 déc. par jour : quel fut son bénéfice ?

R. 427 francs 5 décimes.

Q. 31. Un négociant vient de vendre 25 ballots de toile, contenant chacun 18 pièces de 45 mètres 8 déc. de long, à raison de 3 fr. 47 centim. le mètre : quelle somme doit-il recevoir ?

R. 71,516 francs 7 décimes.

Q. 32. Huit ballots de 12 pièces de mouchoirs dont chacune est de 36 mouchoirs, ont coûté 10,368 fr. de droits, et 9 fr. de port. En vendant ces mouchoirs 3 fr. 5 déc. la pièce, quel sera le bénéfice ?

R. 1,545 francs.

Q. 33. On a éprouvé qu'un homme respire 20 fois par minute : celui qui vit jusqu'à l'âge de 80

ans, composé chacun de 365 jours, combien a-t-il de fois à respirer avant sa mort?

R. 840,960,000 respirations.

Q. 34. Il y a environ 6,000 ans que le monde est créé : en supposant l'année de 365 jours, combien y a-t-il de minutes qu'il existe?

R. 3,153,600,000 minutes.

Q. 35. D'après le calcul, on a trouvé que la circonférence de la terre est de 20,522,960 toises : on demande combien cela fait de lignes?

R. 17,731,837,440 lignes.

DE LA DIVISION.

Q. 36. Un marchand à livré 987 mètres 5 décimètres de velours, pour la somme de 13,627 fr. 50 cent., quel est le prix du mètre?

R. 13 francs 8 centimes.

Q. 37. Un boulanger a payé 6,862 fr. 78 cent. pour 367 hectolitres 74 litres de froment : on demande à combien lui revient l'hectolitre?

R. 18 francs 66 millièmes, et 7,516 de reste à la division.

Q. 38. Combien aurait-on de quarterons de pommes pour 134 francs 25 centimes, si le quarteron coûte 75 centimes?

R. 179 quarterons.

Q. 39. Pour 79 fr. 9 déc. on a eu 89 mètres de rubans : combien coûte le mètre?

R. 94 centimes.

Q. 40. Si le mètre de velours coûte 24 francs, et le mètre de drap 15 francs, combien faudra-t-il donner de mètres de drap pour 70 mètres de velours?

R. 112 mètres.

Q. 41. Combien ferait-on de draps de lit de 108 pièces de toile de 50 mètres, en employant 7 mètres 6 décimètres par drap ?

R. 710 draps $^{40}/_{75}$.

Q. 42. Un marchand a acheté 7 pièces de drap d'égale longueur, à raison de 7 francs 3 décimes le mètre; en le revendant 8 francs 8 décimes, il a gagné 175 fr. : quelle est la longueur de chaque pièce ?

R. 50 mètres.

Q. 43. On a acheté 16 douzaines de paires de bas à 62 francs la douzaine, on a payé 18 francs 5 décimes de transport, 12 francs 3 décimes de droits, combien faudra-t-il les vendre la paire pour profiter 206 francs ?

R. 6 francs 4 décimes.

Q. 44. Pour habiller une armée de 50,000 hommes : combien faudra-t-il de ballots de drap, contenant chacun 15 pièces de 25 mètres de long, s'il en faut 5 mètres et 4 décimètres pour chaque homme ?

R. 720 ballots.

DE LA RÈGLE DE TROIS.

Q. 45. Un maître maçon a employé quinze ouvriers pour faire un mur qui contient 150 mètres; on demande combien 47 ouvriers en feraient pendant le même temps ?

R. 329 mètres.

Q. 46 Il a fallu 47 ouvriers pour faire 329 habits en dix jours; combien en faudra-t-il pour en faire encore 105 pendant le même temps ?

R. 15 ouvriers.

Q. 47. Un maître cordonnier qui avait 8 ouvriers, a fait faire 329 paires de souliers en 47 jours; combien à proportion en fera-t-il faire en 15 jours en employant un même nombre d'ouvriers?

R. 105 paires.

Q. 48. Un voyageur a fait 105 kilomètres en 15 jours : combien lui faudra-t-il de jours pour en faire 329, s'il peut continuer de marcher avec la même vitesse?

R. 47 jours.

Q. 49. Quelle est la hauteur d'une tour qui donne 20 mètres d'ombre, lorsqu'en même temps 6 mètres en donnent 2?

R. 60 mètres.

Q. 50. Une garnison de 500 hommes a des vivres pour 4,100 fr., on augmente cette garnison de 315 hommes : de combien à proportion faudra-t-il augmenter la somme des vivres ?

R. 2,583 francs.

Q. 51. Trois pièces de toile de Hollande ont coûté 738 fr. 9 décim. : on demande combien elles contiennent de mètres, lorsque 82 fr. 1 déc. sont le prix de 11 mètres?

R. 99 mètres.

Q. 52. En 15 jours un maçon a fait 13 mètres de cloison en briques; un autre maçon, pendant 160 jours, a fait 224 mètres du même ouvrage : quel est celui qui a le plus travaillé au prorata du temps qu'il a employé?

R. Le premier a fait 2 mètres de cloison de plus que le second.

Q. 53. Si le kilogramme de poivre coûte 3 fr. et le kilogramme de sucre 2 fr. 5 déc. ; je demande combien de livres de ces deux marchandises prises ensemble on peut avoir pour 100 fr., si on prend trois fois autant de sucre que de poivre ?

R. 38 kilogrammes 095.

Q. 54. Un maître de manufacture a trois ateliers ; il paie pour le premier 183 fr. 55 cent. par mois, pour le second 196 fr. 95 cent., et pour le troisième 159 fr. 50 cent. : combien de temps les paiera-t-il avec 68,190 fr. ?

R. 10 ans 6 mois $^5/_{18}$.

Q. 55. Un boulanger dit que la livre ou le kilogramme de pain lui revient tous frais faits, à 20 cent. : il voudrait gagner sur 25 livres le prix de 2 livres et demie : combien doit-il vendre la livre de pain ?

R. 23 centimes.

Q. 56. Quarante-quatre douzaines de pommes coûtent 6 fr. 60 cent. ; on en a revendu pour 2 fr. 45 cent. ; on gagnait 6 cent. par chaque douzaine : on voudrait savoir combien on en a vendu de douzaines ?

R. 11 douzaines.

Q. 57. Un capitaine a de l'argent pour soudoyer 400 hommes pendant trois mois, en donnant à chacun 75 cent. par jour ; mais comme il a besoin de sa troupe pendant 5 mois, combien doit-il leur donner de paie ?

R. 45 centimes.

Q. 58. Un particulier a fait lambrisser les appartemens de sa maison de campagne ; le menuisier qui a fait cet ouvrage ne travaillait que 8 heures par jour, et dans 5 mois il a fait 75 mètres carrés de lambris : on demande combien il faudrait que le même ouvrier travaillât d'heures par jour pour faire encore autant du même ouvrage en 4 mois ?

R. 12 heures.

Q. 59. Six cents hommes qui s'étaient renfermés dans un fort assiégé, ont consommé la moitié de leurs vivres en 60 jours; mais comme les assiégeans s'opiniâtrent à leur attaque, le commandant a trouvé moyen de faire sortir 200 hommes, afin de ménager les vivres : on demande combien les 400 hommes qui restent pourront subsister de temps avec l'autre moitié des vivres, en recevant la même ration ?

R. 90 jours.

Q. 60. Dans une garnison il y a 12,000 hommes pourvus de vivres pour 3 mois : si l'on voulait faire durer les vivres 4 mois en donnant la même ration, combien faudrait-il faire sortir d'hommes de la place ?

R. 3,000 hommes.

Q. 61. Pour transporter 745 myriagrammes l'espace de 40 myriamètres, on a payé 292 fr. 9 déc. et 3 cent., on demande à combien de myriamètres on fera conduire 423 myriagrammes pour la même somme ?

R. 70,449 myriamètres.

Q. 62. Un architecte propose de construire une maison en 88 jours, en employant 24 ouvriers; mais comme cet ouvrage presse, on demande combien il lui faudra de jours pour faire cette maison, s'il met 36 ouvriers ?

R. 58 jours 66 centièmes.

Q. 63. Un particulier marchant continuellement six heures par jour, a fait 64 myriamètres en 12 jours; combien faudra-t-il de jours à ce même particulier pour en faire autant, marchant 8 heures par jour?

R. 9 jours.

Q. 64. Quand la mesure de blé se vend 14 fr., le pain qui pèse 7 kilogrammes coûte 1 fr. 4 cent. : combien doit-on avoir de pain pour la même somme, quand la mesure de blé ne se vend que 11 fr.?

R. 8 kilogrammes 909 mesures et 1 de reste.

DE LA RÈGLE DE SOCIÉTÉ COMPOSÉE.

Q. 65. Pierre et Nicolas ont fait société pour deux ans; Pierre a fourni 1,800 fr. dès le commencement; Nicolas n'a mis ses fonds que 7 mois après, qui sont de 1,200 fr. : le bénéfice se monte à 420 fr. : on demande la part de chacun à proportion de la mise, et du temps qu'elle est restée dans le commerce?

R. Pierre aura 229 fr. $^{253}/_{263}$, et Nicolas aura 190 $^{10}/_{263}$.

Q. 66. Un bourgeois a dépensé 140 francs pour faire mettre en couleur la boiserie d'une de ses salles. Deux peintres à gros pinceaux y ont été employés : le premier y a travaillé 18 jours, et 8 heures par jour; le second 12 jours, et 10 heures par jour : on demande combien chacun doit recevoir?

R. Le premier 76 francs $^{4}/_{11}$; le second 63 francs $^{7}/_{11}$.

Q. 67. Les profits de trois co-associés se montent à 600 francs, sur lesquels le troisième a reçu 150 francs : on ne connaît point sa mise; on sait que le premier a reçu pour gain et pour mise 540 francs; le second 810 francs : on demande la mise de chacun?

R. Le premier a mis 360 francs, le second 540 francs, et le troisième 300 francs.

DE LA RÈGLE D'INTÉRÊT.

Q. 68. Un officier ayant mis 9,000 francs à intérêt, s'est embarqué pour les îles : au bout de 8 ans, il est revenu et a reçu 3,600 francs pour les arrérages : on demande à quel denier il avait placé son argent?

R. Au dernier 20.

Q. 69. Paulin a constitué 12,000 francs au denier 25 : on demande quelle rente annuelle il en retirera, déduction faite des impositions qu'on suppose 16 pour cent.

R. 403 francs 20 centimes.

Q. 70. Un petit marchand content de sa fortune veut quitter son commerce; il a soin de mettre à constitution un capital de 12,500 francs à 4 pour 100; s'il est 6 ans 6 mois 45 jours sans en retirer la rente, combien recevra-t-il?

R. 3,794 francs 166 millièmes.

Q. 71. Un capitaine de vaisseau ayant un voyage de long cours à faire, a placé 6500 francs à raison de 5 pour 100 par an : à son retour il a reçu pour total des arrérages la somme de 1,365 francs : combien de temps a-t-il été absent?

R. 4 ans 2 mois et 15 jours.

MANIÈRE

De dresser et écrire correctement des Promesses Quittances, Lettres et Mémoires.

Promesse.

Je soussigné N. reconnais et promets de payer à Monsieur N., dans huit mois, la somme de trois cent vingt-huit francs, et ce pour pareille somme qu'il m'a prêtée dans mon besoin. Fait à Rouen, le 10 juin 1815.

Promesse solidaire.

Nous soussignés promettons payer solidairement à Monsieur N., le 25 août 1815, la somme de six cents francs, qu'il nous a prêtée en nos besoins.

A Charmes, le 12 janvier 1815.

J. Courteil, J. Sandier.

Promesse pour reste de somme due.

Je reconnais devoir à Monsieur Du Testre la somme de cent trente francs soixante centimes, restant de celle de trois cent quarante francs, qu'il m'avait prêtée en mes besoins, laquelle somme de cent trente francs soixante centimes je promets lui payer dans l'espace de six mois.

Fait à Saint-Dié, le sixième jour d'octobre 1815.

Reconnaissance portant promesse de passer contrat de constitution d'une somme empruntée.

Je reconnais que Monsieur N. m'a présentement prêté la somme de neuf cents francs en louis d'or et écus de cinq francs, pour employer à mes affaires; de laquelle somme de neuf cents francs je lui promets passer contrat de constitution à sa volonté; et cependant lui en payer l'intérêt dès ce jour suivant l'ordonnance.

Fait à Toul, ce dixième jour de janvier 1814.

Quittance d'une somme payée en grains.

Je confesse avoir reçu de N. la somme de huit cent quinze francs, de laquelle je suis convaincu avec lui pour tous les grains, tant blé froment qu'orge et avoine qu'il me doit du reste des années passées jusqu'à ce jour; au moyen de quoi j'aquitte le dit N. pour ledit temps.

Fait à Nancy, le premier jour de mai 1815.

Quittance d'un ouvrier.

Je soussigé N. reconnais avoir reçu de N. la somme de douze francs pour avoir travaillé pendant six jours chez lui, à raison de douze francs par semaine, de laquelle somme je me tiens content pour mon travail, et en quitte le dit N; jusqu'à ce jour.

Fait à Neufchâteau, le 12 décembre 1815.

Autre quittance.

Je soussigné reconnais avoir reçu de M. N. la somme de cinquante francs à compte de ce qu'il me doit.

Fait à Pont-Mousson, le 10 février 1815.

Quittance pour les arrérages d'une rente.

Je soussigné N. reconnais avoir reçu de Monsieur N. la somme de deux cents francs, pour une année d'arrérages de la rente de quatre mille francs qu'il me doit, échue le premier du mois d'octobre dernier; de laquelle somme je quitte le dit. N.

Fait à Lyon, ce neuvième jour de novembre 1815.

Quittance d'une pension pui se paie à trois mois.

Je reconnais avoir reçu de *M.* Gentil cent francs pour un quartier, commencé dès ce jour, de la pension alimentaire de son fils, dont quittance pour ledit terme. A Troyes ce premier juin 1815. DENIS.

Quittance pour le loyer d'une maison

Je reconnais avoir reçu de Monsieur N. la somme de cent huit francs, pour une année de loyer des places qu'il tient de moi, échu au terme de Pâques ou de Saint-Jean ou de Noël dernier), de laquelle e le quitte.

Fait à Reims, le dix-septième jour d'avril 1815.

Quittance de Maçon.

Je soussigné reconnais avoir reçu de Monsieur N. la somme de neuf cents francs, pour tous les ouvrages de maçonnerie que j'ai faits en sa maison sise à Nancy, rue des Carmes, et avoir fourni les matériaux, plâtre et autres choses servant à la maçonnerie, le tout suivant la convention et accord ci-devant transcrits: de laquelle somme je me trouve content, et en quitte mondit sieur. Fait à Nancy, ce 10 mai 1815.

Accords pour gains dus.

Nous soussignés Guilhaume N., propriétaire au lieu de Lavallé, d'une part; et Joseph N, laboureur demeurant à Amance, d'autre part, reconnaissons être convenus entre nous de ce qui suit, savoir: que moi Joseph N. laboureur, demeure redevable envers ledit sieur Guilhaume N. de la quantité de soixante-quinze litres de blé, pour reste des années échues au jour de saint Georges dernier, de la ferme des terres que je tiens de lui, sise à Lavallé, lesquels grains nous avons appréciés, à l'amiable, à la somme de trois mille francs, que moi Joseph N. promets par cette présente, audit sieur Guilhaume N.

Fait et signé double entre nous, à Nancy, ce 15 janvier 1815.

Procuration pour donner à ferme.

Je soussigné N. constitue pour mon procureur Eustache N. auquel, par ses présentes, je donne pouvoir d'affermer et bailler à loyer la maison et les héritages qui m'appartiennent, sis en la paroisse de Lunéville, consistant en   et à telle personne, pour tel temps, prix, charges, clauses et conditions qu'il jugera à propos d'en passer baux, et tous autres actes nécessaires; recevoir ce qui sera dû par les derniers fermiers leur en donnant quittance, et au refus de paiement. les poursuivre par les voies de droit, même saisir et arrêter, donner main-levée s'il en est besoin, et faire généralement ce qu'il trouvera bon.

Fait à Lunéville, ce 6 février 1817.

Bail d'une maison

Je soussigné Bernard Facana, reconnais avoir baillé et laissé à titre de loyer et prix d'argent, pour trois années consécutives, à commencer du jour 15 février 1815, et finir à pareil jour de l'année 1818, et promets pendant ledit temps faire jouir au sieur Sabastien Magnien, à ce présent et acceptant, une maison sise à Nancy, vieille-ville, rue du Bon-Pays, entre le sieur Cœury d'une part, et de la d[lle] Villeneuve d'autre part, consistant en une chambre de rez-de-chaussée, deux autres au premier et second étages, cave, grenier, etc. ainsi que ledit Magnien a dit bien savoir, comme l'ayant vue et visitée, pour, par lui en jouir pendant ledit temps, moyennant la somme de quatre-vingt fr. pour le loyer de chacune desdites années, que moi Sabastien Magnien promets payer audit sieur Bertrand Facana à Nancy, aux termes accoutumés, par égales portions, dont le premier écherra au jour de l'assomption, quinze août prochain, et ainsi continuer de termes en termes jusqu'à la fin dudit temps, et encore à la charge de garnir ladite maison de meubles à moi appartenant, pour sûreté dudit loyer, l'entretenir pendant ledit temps de toutes menues réparations locatives et nécessaires, et à la fin d'icelui la rendre en bon état; comme aussi s'il convient pendant le dit temps faire quelques grosses réparations, moi Sabastien Magnien. consens qu'elles soient faites, sans pour ce prétendre aucuns dépens, dommages et intérêts, ni diminution dudit loyer, pourvu que lesdites réparations ne durent à à faire que deux mois; et de plus moi Magnien promets ne céder ni transporter mondit bail à qui que ce soit, sans le consentement dudit sieur Facana. Le présent bail ainsi signé et fait en double entre nous. à Nancy le dixième jour de février 1826.

B. FAÇANA S. MAGNEIR.

Formule d'un vigneron paur façonner une vigne

Je soussigné N., vigneron demeurant à Laxon, confesse m'être accordé avec M. Hilaire pour façonner sa vigne située à Villar, contenant environ cinq jours plus ou moins, ledit vigneron l'acceptant pour toutes les façons, à raison de cent cinquante francs, à payer aux termes ordinaires, promettant dûment faire tous les ouvrages en temps et lieux et tonte fidélité, comme de coutume, sans qu'il soit obligé de rien fournir que ses peines et traveaux.

Fait à Laon, le 8 janvier 1815.

Brevet d'apprentisage.

Je soussigné S. Mangin, demeurant à Pont-à Mousson, reconnais et confesse, pour le profit de l'avancement de N. mon fils, âgé de 15 ans ou environ, l'avoir mis en appreutisage, pour trois années consécutives, chez le sieur Hamblard, scnlteur, bourgeois de Mets, y demeurant, à ce présent et acceptant, qu'il est retenu pour son apprenti durant le dit temps, à ce que durant icelui il a promis et promet montrer et enseigner sondit art de sculpteur, autant qu'il lui sera possible, et en outre le nourrir à sa table, lui fournir feu, lit, gîte et lumière; le traiter doucement et humainement, comme il appartient, pendant ledit temps, à charge par son père de l'entretenir d'habits, linge et chaussure, aussi pendant ledit temps; en faveur et considération duquel apprentissage les parties sont convenues et accordées ensemble à la somme de six cents francs, pour laquelle ledit preneur á confessé avoir reçu celle de deux cents francs comptant, dont quittance. Et le surplus, montant à quatre cents fr. ledit bailleur a promis et s'oblige de donner et payer audit preneur, en deux paiemens, le premier de la somme de deux cents francs en un an, et l'autre pareil restant à payer de ladite somme de deux cents francs dans l'année suivante, le premier jour du mois d'octobre. A ce faire, était présent ledit N., apprenti, qui a promis servir ledit sieur, sculpteur, et faire toutes choses licites et honnêtes qu'il lui commandera; lui obéir fidèlement, faire son profit, éviter son dommage, l'en avertir s'il vient à sa connaissance, sans s'absenter ni aller ailleurs servir pendant ledit temps; et en cas de fuite ou d'absence, le dit bailleur son père promet de le chercher et le ramener s'il le peut trouver, pour parachever le temps qui pourra rester de sondit apprentisage; et deplus son père l'a certifié de toute loyauté et fidélité; car ainsi a été accordé et convenu entre les parties, en présence de,... obligeant, etc.

Fait à Metz le 20 février 1816. MANGIN. HAMBLARD.

Lettre de voiture

A Nancy, ce 17 Fevrier 1817.

MONSIEUR,

A la garde de Dieu et conduite de Lonnay, voiturier demeurant à Nancy, je vous envoie un ballot contenant six pièces de toile, quatre de siamoise et cent kilogrammes de laine, marqué P T, le tout pesant 162 kilogrammes; lequel ayant reçu bien conditionné, vous lui paierez pour sa voiture à raison de six francs le quintal pesant, et suis,

MONSIEUR, Votre très-humble serviteur,

LOUIS.

A Monsieur
Monsieur Nicolas, Marchand
demeurant à Langres.

Lettre de change.

Nancy, le *Pour 152 francs.*

MONSIEUR,

A huit jours de vue, il vous plaira payer à Monsieur N., marchand à Vaucouleurs, ou à son ordre, la somme de cent cinquante-deux francs, valeur reçue de Monsieur N. que vous passerez à compte, suivant l'avis que vous en a donné

Votre très-humble serviteur,

MAGNIÈRE.

Lettre de change à usance.

A Lyon, le 24 février 1815 *Pour 640 francs*

MONSIEUR,

A deux usances, payez par cette première de change à l'ordre de Monsieur Depinas, six cent quarante francs valeur reçue de Monsieur Thuiller, et que vous passerez sur mon compte, sans avis de

A Monsieur Votre très-humble serviteur,
Monsieur N., marchand. DESORMES.

METHODE facile d'écrire diverses lettres, selon les circonstances et les temps.

Lettre d'un fils à son père.

MON TRÈS-CHER PÈRE,

TOUTES les lettres que je reçois de vous, m'étant autant d'instructions pour ma conduite et mon éducation dans les bonnes mœurs, je me persuade aussi que je ne peux mieux faire que d'en suivre les maximes; c'est à quoi je travaille avec beaucoup de soin; que si je ne vais pas si vite que je souhaiterais pour votre satisfaction et mon avantage, au moins je fais mon possible pour cela, n'ayant point de plus forte passion que celle de vous contenter, et de vous marquer la soumission, le respect et le sincère amour filial avec lesquels j'ai l'honneur d'être,

MON TRÈS-CHER PÈRE,

Votre très-humble et

Nancy, ce 10 *mai* 1815, très-obéissant fils,

N....

Lettre de compliment.

MONSIEUR,

L'HONNEUR de votre amitié m'est si cher que je ne pense qu'au moyen de le mériter par mes services; mais comme l'occasion ne se rencontre jamais, faites que vos commandemens donnent de l'exercice à ma bonne volonté; j'attendrai donc cette faveur, afin que je puisse vous dire véritablement,

MONSIEUR, Votre très-humble et

très-obéissant serviteur,

N....

Autre.

MONSIEUR,

Je ne puis me lasser de vous témoigner la passion que j'ai pour votre service; je voudrais seulement que toutes les protestations que je vous ai faites se pussent changer en effets, afin que je pusse me dire avec vérité,

Monsieur;

Votre très-humble, etc.

Lettre d'excuses.

Il doit m'être bien honteux, mon cher Monsieur, de vous avoir tant d'obligations, et d'avoir attendu si tard à vous témoigner combien j'y suis sensible. Des affaires et je ne sais combien de conjonctures se succédant l'une à l'autre, me laissent si peu de loisir, que je suis obligé de quitter un devoir pour un autre devoir, et souvent même je suis contraint de manquer à celui qui me serait le plus agréable. Je vous proteste que je me fais un grand plaisir de m'en acquitter auprès de vous, et de vous marquer combien je vous estime et vous honore, et la passion que j'ai de vous témoigner que je suis avec un zèle sincère et un respect inviolable

MONSIEUR,

Votre humble; etc.

Lettre de reconnaissance.

MONSIEUR,

Je ne puis, sans une grande ingratitude, différer plus long-temps à vous remercier des secours efficaces que vous m'avez procurés pour la conclusion de mes affaires; je les ai terminées à mon avantage, ce que je n'aurais pu faire si vous aviez eu moins de générosité et moins d'ardeur pour mes intérêts ; je ressens cette obligation comme je le dois.

J'ai l'honneur d'être, avec une parfaite reconnaissance.

MONSIEUR,

Votre très-humble, etc.

Lettre de reconnaissance paur un service rendu.

MONSIEUR,

Que ne vous dois-je point, et de qu'elle manière pourrai-je vous exprimer la parfaite reconnaissance que j'ai pour toutes les bontés dont vous m'accablez tous les jours ? Vous ne vous êtes pas contenté de m'en rendre lorsque je vous ai prié, vous m'avez prévenu dans mes demandes, et vous avez été au devant de tout ce que je pouvais souhaiter. Que je suis heureux de posséder un ami comme vous ; vu qu'il y en a peu de semblables au monde ! Cependant, Monsieur, au milieu de mon bonheur je ne suis pas content, parce que je vous dois trop, et je me trouve dans l'impuissance de pouvoir rien faire qui puisse entrer en compensation de vos grâces.

J'espère que la fortune me mettra quelque jour en état de prouver mieux que je ne puis aujourd'hui que je suis, par toutes sortes d'obligations,

MONSIEUR Votre très-humble, etc.

Lettre contre l'oisiveté.

MONSIEUR,

PERMETTEZ-MOI de vous faire part des maximes d'un livre Espagnol, dont on fait partout un estime particulière.

C'est proprement un recueil de préceptes très utiles pour la conduite des personnes qui vivent dans le monde, et qui y possèdent des charges. il marque surtout que l'oisiveté est un des vices que l'on doit principalement éviter. Suivant l'auteur, ce vice est l'ennemi déclaré, non-seulement de la vertu, mais de la vie.

Un homme oisif, y lit-on, ressemble plus à une statue qu'à un homme vivant. Il vaut mieux s'occuper à des choses peu utiles, que de ne rien faire du tout. La vie est courte, on n'a point de temps à perdre quand on veut s'instruire des devoirs de son état. Un philosophe disait autrefois que les Dieux donnent des biens aux hommes à proportion qu'ils s'en rendent dignes et qu'ils les mesurent sur le travail. Entre tous les animaux, Platon loue extrêmement l'abeille, et lui donne de grandes louanges à cause de sa vigilance.

Il dit, selon le sentiment de Pythagore, que quand un homme laborieux et industrieux cesse de vivre, son âme passe dans le corps de ce petit animal, ennemi déclaré de l'oisiveté.

Je suis persuadé, monsieur, que ces reflexions sont de votre goût; car vous êtes l'homme du monde le plus vigilant et le plus attentif à remplir tous vos devoirs: c'est ce qui m'oblige à vous les présenter, pour avoir occasion de vous assurer de l'attachement avec lequel je suis,

Monsieur, etc.

Lettre sur la science.

Monsieur,

On ne peut douter que la science ne soit l'un des plus grands ornemens de l'âme; il n'y a point de parure qui embellisse plus le corps que la science embellit l'esprit; mais il faut distinguer les sciences utiles de celles dont on ne peut tirer aucun avantage.

Il y a des choses qu'il est dangereux de savoir. Je mets de ce rang la plupart des romans qui ne sont remplis que de fictions. On doit appeler mauvais livres et très-dangereux pour les jeunes gens, certains livres qui ne traitent que des choses de galanterie, d'histoires d'amourettes qui font aujourd'hui tant de ravages parmi les jeunes gens, et qui leur ôtent le goût des choses les plus saintes et les plus utiles à leur vrai bien.

Ceux qui se chargent la mémoire de semblables choses sont regardés comme ennemis de l'état, et comme des pestes de la société. Un jeune homme bien né doit s'appliquer, entr'autres choses, à bien apprendre sa langue naturelle, pour s'exprimer avec politesse et avec grâce. On a beau être savant, on ne donnera pas une haute idée de soi ni de sa science, si l'on parle d'une manière impolie et grossière. La connaissance de l'histoire est un chemin facile et agréable pour se rendre habile en peu de temps; on y trouve la vertu des gens de bien, et les vices des méchans, différentes révolutions de la vie humaine et les renversemens inopinés des empires : les malheurs des autres nous apprennent à nous précautionner, pour ne pas tomber en de pareilles infortunes. Je sais, Monsieur, le goût que vous avez pour l'histoire et combien vous y êtes habile. Je croirais perdre mon temps si je vous en parlais plus au long. Je suis,

MONSIEUR, Votre très-humble, etc.

Lettre sur l'usage qu'on doit faire des infirmités et des peines.

MONSIEUR,

J'ai reçu votre lettre avec bien de joie; mais elle est aussi parfaite que je le souhaitais. Dieu nous visite par les infirmités du corps, quelquefois pour éprouver et pour fortifier nos âmes, quelquefois aussi pour nous punir en ce monde de mille fautes que nous commettons contre la fidélité que nous lui devons, afin que si nous recevons en celui-ci ses châtimens avec soumission et patience, il nous fasse dans l'autre une entière miséricorde. Vous savez aussi bien que moi que tous les chrétiens sont obligés de souffrir. Il n'y en a point qui n'aient des afflictions et des peines; mais ils ne les portent pas également, et ce qui fait la différence des saints d'avec ceux qui ne le sont pas, c'est que les uns endurent avec paix et avec soumission aux ordres de Dieu, et les autres avec répugnance et en contradiction. Je ne doute point qu'étant aussi bien informé que vous le pouvez être de cette importante vérité, vous ne la pratiquiez fidèlement, et que vous n'adoriez la divine providence, dans tout ce qu'il lui plaît de permettre qu'il vous arrive : il ne faut espérer de paix en ce monde que par cette voie toute sainte.

Soyez persuadé qu'on ne peut être avec plus d'estime que je suis

Monsieur, Votre très-humble, etc.

Lettre pour demander pardon d'une faute commise.

Monsieur,

J'ai trop bonne opinion de votre piété pour douter un moment de la grâce que je vous demande, touchant la faute que j'ai commise à votre égard. Mon repentir doit vous servir de satisfaction, comme il me sert déjà de pénitence; vous faisant souvenir de la passion que j'ai toujours eue pour votre service, et de la profession que j'ai faite d'être toute ma vie,

Monsieur, Votre très-humble, etc

MODÈLE DE FACTURES

D'un achat de 30 balles de café du Levant, achetée à Marseille et destinées pour Lyon.

N.ºs 1.er	801	N.ºs 11.^{e}	801	N.ºs 21.^{e}	812
2.^{e}	809	12.^{e}	802	22.^{e}	810
3.^{e}	808	13.^{e}	803	23.^{e}	808
4.^{e}	807	14.^{e}	804	24.^{e}	811
5.^{e}	806	15.^{e}	805	25.^{e}	809
6.^{e}	805	16.^{e}	806	26.^{e}	806
7.^{e}	804	17.^{e}	807	27.^{e}	803
8.^{e}	803	18.^{e}	808	28.^{e}	805
9.^{e}	802	19.^{e}	809	29.^{e}	802
10.^{e}	801	20.^{e}	810	30.^{e}	804
lb.	8055	lb.	8055		8070

Poids des 10 premières balles . 8055

— des 10 secondes. 8055

Total brut. . 24180

A déduire

Pour lb. 2 de cordes ayant servi à chacune des 30 balles	60	180
Pour lb 4 par chaque balle, pour le sac intérieur.	120	

Reste net. . . . . . lb. 24000

Lesquelles, à 29 s. la livre font . . . 34800 l.

FRAIS.

Poids du roi, etc., et étrennes à 12 s. par balle	18 l.	267
Aux porte-faix pour le pesage à 6 s.	9	
Emballage neuf, corde, coton, fil et facture à l'emballeur, à 8 l. la bal.	240	
Commission desdits 34800 l. , . . à 2 l. o/o		696

Montant . . . 35763 l.

Manière d'écrire le linge qu'on donne à blanchir.

Du lundi 9 mars 1826.

Cinq paires de draps de maître . . .	1 fr.	20 c.
Huit chemises garnies, dont trois en mousseline, deux en batiste et trois brodées.	1	60
Six camisoles, dont deux garnies (une toillette garnie en dentelles.	2	00
Quatre garnitures de dentelles, un tablier de chambre, dix-huit mouchoirs dont six des Indes et huit coiffes garnies. .	1	48
Quatre nappes fines.		60
Vingt-quatre serviettes de maître. . .	1	20
Quatre grands rideaux de fil et coton.	1	00
Quatre paires de draps des domestiques, huit tabliers de cuisine, paquets de torchons.		85
Quatre nappes et douze serviettes pour la cuisine.		80
Huit paires de chaussons et quatre de chaussettes.		60
Dix essuie-mains et dix-huit calçons . . .	1	65
Total.	12 fr.	90 c.

TABLE.

FIN DE LA TABLE.

www.ingramcontent.com/pod-product-compliance
Ingram Content Group UK Ltd.
Pitfield, Milton Keynes, MK11 3LW, UK
UKHW020232220726
13923UKWH00002B/617

9 782019 495848